IBA Emscher Park

SiedlungsKultur

Neue und alte Gartenstädte im Ruhrgebiet

Herausgegeben von Henry Beierlorzer, Joachim Boll und Karl Ganser

vieweg

Inhalt

Projekte

Karl Ganser
Wandel ohne Wachstum – eine Chance für die Siedlungskultur

1

Zwischen Wohnungsbau und Siedlungskultur liegen Welten. Siedlungskultur ist ein Traum aus der ‚alten Welt‘, in der Menschen Häuser zum Wohnen, Arbeiten, Ausruhen und Vergnügen für sich, ihre Kinder und Kindeskinder bauten. Jeder von ihnen wollte wer sein, sich ausdrücken und je nach wirtschaftlicher Lage großen oder kleinen Eindruck machen. Diese Menschen waren in eine Kultur eingebunden, sie hatten eine gemeinsame Bauauffassung, ohne daß sie davon wußten.

Der Wohnungsbau entstammt der ‚neuen Welt‘, der Moderne. Entstanden in einer Zeit, als die industrielle Arbeitsweise die Lebenseinheit auflöste und den Arbeitsplatz vom Wohnort trennte, Menschen in Heerscharen auf die neuen Arbeitsorte zuströmten, Agglomerationen entstanden und mit Wohnungen versorgt werden mußten. Die Wohnung wurde zur Ware, in Massen produziert und an Standorten gestapelt, käuflich und vermietbar, ein rentables Geschäft für Spekulanten und eine teure Notwendigkeit für diejenigen, die wegen des Arbeitsplatzes gekommen waren.

Die Sozialreformer der Jahrhundertwende wollten vorwärts zur Industrieproduktion und zugleich zurück zur Siedlungskultur. Die Modernen des Bauhauses dachten an die kostengünstige und formschöne Serienproduktion und zugleich an den gestalteten öffentlichen Raum. Einige Male ist das gelungen, so etwa am Stuttgarter Weißenhof 1927. In der Masse allerdings ist es jedoch mißlungen, die Großsiedlungen aus der Zeit der sozialistisch genannten Planwirtschaft zeigen es ebenso wie die sogenannten New Towns in der Volksrepublik China.

Eigentlich ist es noch immer etwas ganz Einfaches, ein Haus für seine Ansprüche und sein Leben zu bauen. Aber inzwischen bemühen sich Riesenapparate darum: die großen Wohnungsgesellschaften, mächtige Bauträger, die reichen Bausparkassen und die aufgeblähten Wohnungsverwaltungen auf allen Ebenen – und über allem die staatliche Wohnungspolitik.

2

‚Vorwärts zur Siedlungskultur‘ heißt in erster Linie, sich von diesen Apparaten zu befreien. Millionen haben es in der Nachkriegszeit getan und Eigenheime gebaut. Zumindest in den Agglomerationen sind sie jedoch in den Fängen der Bausparkassen und Bauträger, der Hersteller von Bauprodukten, der Wohnungsbauförderung, der Bauverwaltung und der Massenwerbung mit Geschmacksdiktat geblieben, haben Einfamilienhäuser in städtebaulich mehr oder weniger ungestalteten Agglomerationen realisiert – ‚individuell‘ und letztlich doch Serienprodukte.

Das Thema ist alt, viel beklagt und so weit von einer Wende entfernt wie eh und je. Da und dort gab es angestrengte Versuche, Korrekturen an diesem System anzubringen, nicht zuletzt auch bei Internationalen Bauausstellungen oder im vorbildlichen Wohnungsbauprogramm des Landes Bayern. Um mehr als Korrekturen handelte es sich jedoch nicht.

Das gilt auch für die IBA Emscher Park. Siedlungen wollte die IBA bauen, nicht Wohnungen verstreuen. Mieterinnen und Mieter sollten beteiligt werden. Gemeinschaftseinrichtungen sollten hinzukommen, und trotz der Naturferne von Agglomerationen sollte die Beziehung zur Natur wieder möglich sein. Mit Energie und Wasser sollte sparsamer und intelligenter umgegangen werden. Und all dies in einer städtebaulichen Gestalt, die ein ‚kleines Stück Stadt‘ realisieren will – mit Bauten, die sich sehen lassen können, und vielleicht sogar mehr als das.

Wie weit dies gelungen ist, kann man an vielen Stellen im Emscherraum studieren. Die neuen Siedlungen der IBA müssen sich den Maßstäben der alten Siedlungen im Revier stellen und sich einigermaßen anstrengen, um bestehen zu können. Sie werden im vorliegenden Buch dargestellt und gewürdigt.

3

Sind das nun die schüchternen Anfänge einer neuen Siedlungskultur oder die bescheidenen Erträge eines besonderen Unternehmens unter dem Namen Internationale Bauausstellung?

Wenn man an die Kraftanstrengungen denkt und die Probleme, die schon bald nach der Fertigstellung auftreten, sieht man sich eher in eine Sondersituation hineinversetzt, in eine sozialökonomische Umwelt, die dazu neigt, diese Organverpflanzung aus der ‚alten‘ Welt alsbald abzustoßen. Wenn man das so nicht sehen will, dann legt man sich Trends zurecht, die nicht zur Trendwende, vielleicht aber zu einer Trendkorrektur beitragen könnten – und so die Siedlungskultur begünstigen.

,Wandel ohne Wachstum' ist etwas, das alle Industrieregionen ereilen wird, ob sie dies nun wünschen oder nicht, ob sie sich dagegen stemmen oder darin eine Chance sehen. Wer früh industrialisiert hat, ist früh gewachsen, wird früh deindustrialisiert und hat die besten Tage hinter sich, wenn man diese als stetige Wachstumsraten versteht.

Ganz gegen eine weit verbreitete Auffassung ist das früh industrialisierte Ruhrgebiet der Zeit voraus. Hier ereignet sich, was anderswo erst demnächst stattfinden wird: zurückgehende Einwohnerzahlen, Überalterung, differenzierte Be- und Entlastungen auf den Wohnungsmärkten, Entwertung von Immobilien und schwer kalkulierbare Nachfrage – nicht mehr geeignet für große Planungen und schnelle Realisierungen und ebensowenig für gute Geschäfte für Großunternehmen.

Wenn eine Region bereits eine Million Einwohner verloren hat und demnächst eine weitere halbe verlieren wird, helfen auch wachstumserhaltende Parameter – Außenzuwanderungen, Verkleinerung der Haushalte, Vergrößerung der spezifischen Wohnfläche – nicht mehr prinzipiell weiter, zumal die Einkommensverhältnisse so sind oder sich so entwickeln werden, daß eine stetige Vergrößerung der Wohnfläche unbezahlbar wird.

Der Wohnungsbau der modernen Zeit gerät also ins Stottern. Wohnungspolitik läßt sich nicht länger mit ,allgemeiner Wohnungsnot' begründen. Längst stehen Wohnungen leer, und aus Sozialhilfe bezahlte Zwangseinweisungen funktionieren auch nicht mehr beliebig. Wohnungsunternehmen haben zunehmend Probleme, ihre Erträge anzulegen und dabei Renditen zu erzielen, die im Wettbewerb auf den internationalen Geldmärkten bestehen können. Unter besonderem Druck stehen die großen Wohnungsbaugesellschaften, die als Immobilientöchter global operierender Konzerne 14 Prozent Rendite auf das eingesetzte Kapital nachweisen sollen.

Ähnlich verunsichert sind Politik und Administration. Immer weniger allgemeine Regeln lassen sich aufstellen, kein Programm paßt mehr, Förderricht-

Dachlandschaft
der Mathias-Stinnes-Siedlung
in Essen-Karnap
Foto: Blossey

linien grenzen aus, was Neuland versprechen könnte. Die großen ‚Topf-Auffresser‘ haben keinen Appetit mehr. Die Prüfung von Wohnungsbauförderungsanträgen wird seltener. Verwaltungsreformer fragen nach der Existenzberechtigung von Wohnungsämtern.

Wer in dieser zerfallenden Landschaft mit einer rettenden Idee auftaucht, wird sich den Vorwurf „Das löst doch kein Problem" anhören müssen. Das stimmt solange, wie man die Probleme generell, groß und abstrakt angeht.

Für die Auffassung, besser ein konkretes Problem maßgeschneidert zu lösen, als immer weniger Probleme stereotyp anzugehen, findet man wenig Resonanz. Aus nachvollziehbaren Gründen: Diese Haltung stellt nämlich das Prinzip der Großorganisation in Frage. Sie will die bisherigen Instrumente reformieren, regionalisieren, lokalisieren, integrieren und maßgeschneidert realisieren. Administration hat gelernt, Grenzen zu ziehen und diese aufwendig zu bewachen. Nun muß sie plötzlich Grenzen auflösen und trotzdem darauf achten, daß Vernünftiges dabei herauskommt ...

4

Was sind die Aufgaben, die in Zukunft bedeutender werden?

Schon in den zurückliegenden Jahrzehnten gab es einen ‚Schweinezyklus‘ in der Wohnungspolitik: mal vorrangig Neubau, mal vorrangig Bestandspflege und Modernisierung – je nach Konjunkturverlauf. Stets wurde das Ruder generell und gründlich herumgeworfen, und bis das richtig geschehen war, hatte sich das Problem längst verändert. So letztmals geschehen Ende der achtziger Jahre mit dem ‚Wendewachstum‘ und der ‚neuen Wohnungsnot‘, als vollkommen unerwartet die Stadtentwicklungskonzepte der sechziger Jahre mit großen Siedlungen, Stadterweiterungen und städtebaulichen Entwicklungsmaßnahmen wieder Konjunktur hatten und die behutsame Stadterneuerung der achtziger Jahre nahezu in Vergessenheit geriet.

Blickt man auf die Langzeitverläufe – Bevölkerungsentwicklung, Wirtschafts- und Einkommensentwicklung, Wohnungsnachfrage und Wohnungsbautätigkeit –, dann fällt auf, daß sich diese zyklischen Schwankungen auf immer tieferem Niveau bewegen

und im Trend auf einen ‚Wandel ohne Wachstum‘ hinauslaufen.

Damit drängt eine Frage in den Vordergrund: „Was bauen wir, wenn (fast) alles gebaut ist?" Die Neubautätigkeit wird marginal, die Bestandspflege dominant. Aber die Zeit wird nicht allzu fern sein, wo auch die Bestände durchgepflegt sind und dann Gefahr laufen, in die ‚Überpflege‘ zu geraten. Spätestens dann schärft sich der Blick auf andere wohnungsnahe Betätigungsfelder im ökologischen, sozialen, kulturellen und lokalwirtschaftlichen Bereich. Weshalb es sinnvoll ist, schon jetzt die wohnungsnahen Aufgabenbereiche im Zusammenhang zu betrachten:

• Die Bestände müssen baulich gepflegt werden mit dem Ziel, die ökologische Transformation voranzubringen, den Energieverbrauch zu reduzieren und den Anteil der regenerierbaren Energie zu erhöhen, das Regenwasser zu verzögern und zu versickern, Natur zu entwickeln und die Naturbegegnung auch in dichten Baubeständen möglich zu machen und Baustoffe und Bauverfahren mit hoher ökologischer Verträglichkeit einzuführen. Eine reichlich komplexe Aufgabe, die sich nur im Kontext mit dem Bauquartier und dem Stadtteil erfolgreich bewältigen läßt. Das herkömmliche Modernisierungsverständnis muß also in Richtung Quartierserneuerung erweitert werden, und das Denken in technischen Standards wie Wärmeschutzverordnung führt nicht weiter. Ohne öffentliche Förderung wird dies nicht gelingen. Das ‚ModEnG‘ von damals muß heute durch einen ‚ModÖk‘ ersetzt werden.

• Die Sozialarbeit von der Kinder- und Jugendbetreuung bis zum Altenservice ist wohnungsnah zu sehen. Die zugehörigen gesetzlichen Regelungen und öffentlichen Förderungen sowie die ausführenden öffentlichen Verwaltungen, halböffentlichen und privaten Träger sind jedoch auf Teilaufgaben spezialisiert und zumeist wohnungsfern gelegen. Das Altenwohnheim mit technischem Standard und teurem Service im betreuten Wohnen geht an den eigentlichen Problemen gleich zweimal vorbei: zum einen, weil damit fast ausschließlich Wohlhabendere und Wohlhabende erreicht werden, zum anderen, weil es um die Sicherung dauerhafter sozialer Kontakte und menschlicher Zuwendung geht, nicht um den Verkauf von Dienstleistungen. Eine permanente Hilfe zur Selbsthilfe, die alle sozialen und gesundheitlichen Probleme ergreift, setzt dauerhafte kleinteilige und wohnungsnahe Strukturen voraus – außerhalb des Familienverbandes, aber doch in dessen Nähe.

• Ende der siebziger Jahre empfing die behutsame Stadterneuerung einen beträchtlichen Impuls über die Idee der Verkehrsberuhigung in Wohnquartieren. Heute ist dieser Teil der Stadtverkehrspolitik erheblich diskreditiert und von der Tagesordnung abgesetzt. Ein wesentlicher Grund dafür ist, daß die bauliche Verkehrsberuhigung in eine ‚insgesamt feindliche Umwelt‘ von Mobilität und Verkehrsverhalten transplantiert wurde. Dennoch sind die Ziele der Verkehrsberuhigung in Stadtquartieren aktueller denn je. Sie benötigen allerdings einen neuen umfassenden Ansatz, der beim Mobilitätsverhalten und bei der Mobilitätsberatung beginnt, die Benutzung umweltfreundlicher Fahrzeuge im Verbund mit Car-Sharing einbezieht, bei der Verbesserung der Verkehrsinfrastruktur insbesondere auf Fußgänger und Radfahrer setzt und schließlich die verkehrsarme Gestaltung des Stadtraumes mit möglichst naturnahen Elementen reaktiviert.

• Bei immer mehr freiwilliger oder erzwungener Nichtarbeit wird die Frage nach ausfüllenden Betätigungen bei gleichzeitiger Verarmung der zugehörigen Fähigkeiten an Bedeutung gewinnen. Soziale Anerkennung und kulturelle Betätigung im weitesten Sinn bedürfen der Inspiration, der personellen und organisatorischen Unterstützung. Dies alles ist möglichst kleinteilig und wohnungsnah zu entwickeln. Ehrenamt und Semiprofessionalität sowie veränderte Organisationen in den klassischen Sozialeinrichtungen mussen in diesem Zusammenhang neu gedacht und neu kombiniert werden.

• Nicht zuletzt geht es um neue Arbeit, wenn die bisherige Arbeit durch Rationalisierung und Globalisierung drastisch zurückgeht. Lokale Märkte mit Produkten und Dienstleistungen für lokale Bedürfnisse, erbracht in Kleinunternehmen und von Menschen, die auf den konventionellen Arbeitsmärkten nahezu keine Chancen haben, sind heute bereits von großer sozial- und beschäftigungspolitischer Bedeutung. Diese lokalen Arbeitsformen zwischen den Instrumentarien der etablierten Wirtschafts-

förderung und der hochformalisierten Arbeitsförderung zu entwickeln, ist ebenfalls eine wohnungsnahe Aufgabe, die viel Toleranz und Spürsinn erfordert.

Die hier skizzierten fünf Aufgaben sind weit mehr als bisher im Zusammenhang und ortsbezogen zu sehen. Sie könnten den inhaltlichen Rahmen für eine Stadterneuerungsinitiative bilden, in die ganz unterschiedliche Politikbereiche wie die Wohnungspolitik sich einbringen müssen.

5

Die Wohnungspolitik mit den zugehörigen Verwaltungen und Wohnungsunternehmen muß sich also befragen, welche Rolle sie in dem hier beschriebenen Aufgabenfeld spielen wollen. Sich ganz oder teilweise diesen neuen Aufgaben zuzuwenden und dabei besser zu sein als die etablierten Spezialeinrichtungen ist eine große Herausforderung. Dies läßt sich nicht in den bisherigen Organisationsformen und Wirtschaftlichkeitsvorgaben der Wohnungsunternehmen einrichten, setzt also Ausgründungen mit einem anderen Selbstverständnis und einer anderen Renditelogik voraus. Die ‚Umwegrendite‘ für das alte Wohnungsbauunternehmen könnte darin bestehen, die so gepflegten Bestände kostengünstiger zu bewirtschaften und begehrter zu machen – das Werben um Mieter und Käufer zur Vermeidung von Leerständen und Umzugsverlusten wird immer wichtiger.

Für die Wohnungsunternehmen heißt die Alternative dazu ‚auswandern‘ – erst aus den Beständen durch Verkäufe, später aus der Region verbunden mit dem Transfer der Erlöse in andere Geschäftsfelder. Genau das hat bei den Wohnungs- und Immobilienunternehmen großer Konzerne längst begonnen. Darum könnte es sinnvoll sein, an eine ‚Auffangstation‘ zu denken, die solche Wohnungsbestände unter neuen Bedingungen neuen Aufgabenfeldern zuführt.

Naheliegenderweise denkt man dabei an eine große staatliche Wohnungsorganisation, was allerdings das Risiko einschließt, daß man in die oben skizzierte Logik zurückfällt, statt eine neue ‚Siedlungskultur‘ zu entwickeln. Wie realistisch diese Gefahr ist, zeigt sich bei den meisten öffentlichen Unternehmen, die mit ihren Aufgaben und Wohnungsbeständen alles andere als innovativ in dem hier beschriebenen Sinne vorgehen, sondern immer mehr dem Diktat des Finanzministeriums unterworfen werden: „Entweder Ihr macht Kohle – oder wir verkaufen Euch!"

6

Das Ruhrgebiet ist eine Region, die infolge ihrer regionalökonomischen Fortschrittlichkeit solche Gedanken zwangsläufig als erste anstellen muß. Die Internationale Bauausstellung Emscher Park hat solche Überlegungen im Laufe der Jahre zunehmend mehr angestellt, obwohl anfangs die städtebauliche und architektonische Lösung der Wohnungsbautätigkeit in Form von ‚Siedlungen mit hohem Gebrauchs- und Gestaltwert' im Vordergrund stand.

Das Ringen um eine zeitgemäße städtebauliche und architektonische Qualität bleibt auch dann auf der Tagesordnung, wenn (fast) alles zugebaut ist. Architekturqualität im Bestand zu zeigen und aufgerissene Stadtstrukturen mit intelligent konzipierten Ergänzungen zu schließen, ist zuweilen eine anspruchsvollere Aufgabe als die Entwicklung großer neuer Wohn- und Stadtquartiere. Architekturwettbewerbe und die Beauftragung freischaffender und unabhängiger Architekten durch kleine und mittelgroße Bauherren mit Baukultur bleiben dabei erhalten, sie werden sogar wichtiger.

Diese Überlegungen sind an den Beginn eines Buches zu einer Internationalen Bauausstellung gestellt, eines Buches, in dem die sichtbare Form in den Vordergrund drängt, die sozialökonomischen Hintergründe jedoch das eigentliche Thema sind.

Foto: Brenner

(Stadt)Baukultur

Wolfgang Pehnt
Sprünge nach vorn, Blicke zurück
Interbau Berlin 1957 – IBA Berlin 1983/1987 – IBA Emscher Park 1999

Alle deutschen Bauausstellungen dieses Jahrhunderts haben das Wohnen als ein zentrales Thema betrachtet, manchmal auch als ihr einziges. „Bauausstellungen sind Wohn-Ausstellungen."[1] Manche hießen eigens so. Die Ausstellung auf dem Stuttgarter Weißenhof von 1927 nannte sich lapidar ‚Die Wohnung‘, die Breslauer Werkbundausstellung von 1929 ‚Wohnung und Werkraum‘, ihre Nachfolgerin auf dem Karlsruher Dammerstock aus demselben Jahr ‚Die Gebrauchswohnung‘, die Wiener Werkbundausstellung 1930 ‚Neuzeitliches Wohnen‘. Die Internationale Bauausstellung Berlin (IBA) von 1987 führte den Untertitel ‚Die Innenstadt als Wohnort‘. In dieser Tradition steht die IBA Emscher Park, indem sie den Wohnungsbau zu einem ihrer wichtigsten Arbeitsfelder gemacht hat.

In den Aussagen über das Wohnen steckten stets auch Vorstellungen von der Stadt. Der preisgekrönte erste Bebauungsplan für den Wiederaufbau des Berliner Hansaviertels, das als Internationale Bauausstellung (Interbau) 1957 eingeweiht wurde, galt der Jury als „durchaus neuartige, große Komposition"[2]. Seine Autoren Gerhard Jobst und Willy Kreuer hatten zwei nach Süden, das heißt zum Tiergarten, offene Bebauungsarme vorgesehen. Angesichts der Vielzahl von Kollegen, deren Arbeiten bei einer internationalen Unternehmung zu berücksichtigen waren – die endgültige Liste führt 54 aus 13 Ländern an –, kam jedoch die Befürchtung auf, die großen, zu wenig differenzierten Baufiguren würden die Koordination erschweren und nicht die Beteiligung ausreichend vieler Architekten erlauben. Schließlich wurde der Jobst-Kreuer-Plan als unpraktikabel verworfen. In der endgültigen Fassung ordnen sich entlang des S-Bahn-Bogens Wohnscheiben und Punkthochhäuser. Davor liegen scheibenförmige Wohnhochhäuser, die einen Versuch zu rechtwinkligen Raumbildungen andeuten. In die Übergangszone zum Park sind niedrigere und erdgeschossige Wohnhäuser gestreut.

Das Hansaviertel in Berlin-Tiergarten vor seiner Zerstörung, aus: Broschüre Hansaviertel Berlin

Diesem Sortiment damals gebräuchlicher Wohnformen war gleichwohl die hehre Aufgabe übertragen, neue Leitbilder durchzusetzen. Die Interbau sollte die Wohnethik des Westens „im Gegensatz zu dem falschen Prunk der Stalinallee" (Bausenator Karl Mahler[3]) in DDR-Berlin formulieren. Die Streusiedlung unterschiedlicher Bauformen konnte damit als eine „demonstrative Dokumentation der Freiheit" gelten. „Der freie Mensch will nicht wie in einem Heerlager leben, nicht in Häusern wohnen, die wie Arbeiterbaracken hintereinander gereiht sind" (Jobst).[4] Die Planer machten sogar den Versuch, die erwünschten Eigenschaften abstrakt, als eine Art Charakterprofil aufzulisten: „Leicht – heiter – wohnlich – festlich – farbig – strahlend – geborgen."[5] Dem Licht zugewendet, in das Grün des Tiergartens eingebettet, war das Hansaviertel eine unter Sonderbedingungen realisierte, späte und kompromißbereite Verkörperung der grünen, aufgelockerten

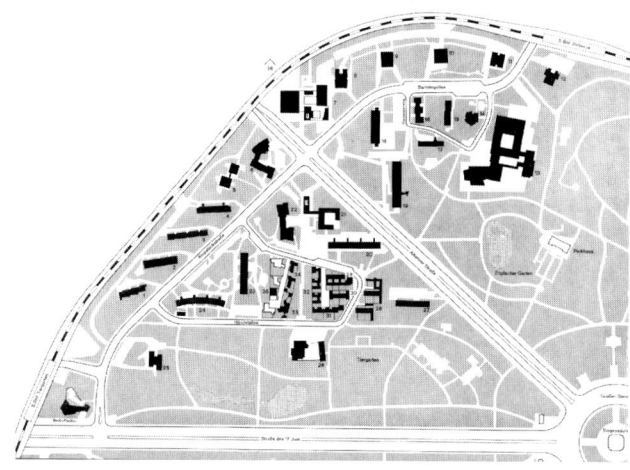

Stadt, wie sie die Manifeste der Moderne und vor allem die *Charta von Athen* gefordert hatten. Als reine Wohnstadt folgte sie auch der Lehre von der Entmischung der Funktionen.

Konnte im Nachkriegsdeutschland die Interbau in ihren Bauformen noch von der Attraktivität des relativ Neuen profitieren, so war das ihr zugrunde liegende Bild von menschlichem Wohnen denkbar konservativ. Es galt, dem Einzelnen, der Familie und der nachbarlichen Gemeinschaft „schützende und formende Lebensbedingungen" zu verschaffen: „Die Familie ist gleichsam die kleinste Planungszelle, ihr Dasein das grundlegende Gestaltungsmaß."[6] Die Hierarchie der Nachbarschaften, vertrautes Planungsgut seit den zwanziger Jahren und – der völkischen Ideologie entsprechend umformuliert – seit dem ‚Dritten Reich', wurde in der von Karl Otto verantworteten Begleitausstellung ‚die stadt von morgen' thematisiert. Dem derart „neu geordneten

Gefüge" der Gesellschaft traute man „neue Kultur-Energien" auch für Berlin zu.[7]

Zu den neuen „Kultur-Energien" gehörten jedenfalls nicht solche, die sich auf den Ort und seine Geschichte bezogen. Von lokalspezifischen Eigenschaften hielt sich das Hansaviertel fern. Es war eine Demonstration gemäßigter Modernität und sollte mit keinem Gedanken an das gründerzeitliche Vorgängerquartier erinnern. Von der alten Randbebauung in meist dreieckigen Blöcken und den sternförmig auf den Hansaplatz zulaufenden Straßen blieb südlich der Stadtbahn-Schleife keine Spur, mit Ausnahme der stark verbreiterten Altonaer Straße, die auf der alten Trasse – sehr zum Ärger der Kritiker – das Viertel durchschnitt. Viele anspruchsvolle Fassaden des Hansaviertels hatten die Kriegsbombardements überdauert und wurden erst für den Bau des Musterquartiers niedergelegt. Aber Bundespräsident Theodor Heuss, der es als langjähriger Architekturschriftsteller besser hätte wissen sollen, meinte, dort keinen einzigen „auch nur lokalhistorisch interessanten Baukörper" entdeckt zu haben.[8] Kreuers freistehende neue Kirche St. Ansgar war noch im Rohbau zwischen Neorenaissance-Fronten eingezwängt! Die Tabula rasa war nicht vorgegeben: Sie wurde eigens hergestellt.

Ein Problem, das die Interbau-Planer und ihre Kollegen intensiv beschäftigte, in den folgenden Jahrzehnten aber als unlösbar zur Seite gelegt wurde, war die Disponierbarkeit des Bodens über die vagen Vorgaben des Grundgesetzes hinaus („Eigentum verpflichtet. Sein Gebrauch soll zugleich dem Wohle der Allgemeinheit dienen"). Einschränkung des privaten Verfügungsrechts über Grund und Boden und Einziehung von Planungsgewinnen, die dank öffentlicher Investitionen entstanden, waren Forderungen, die damals viele Planer teilten. Immerhin war das Bundesbaugesetz (1960), das allzu weitgreifende Hoffnungen zunichte machte, noch nicht formuliert. Das Umlegungsverfahren für das neue Hansaviertel galt als Anschauungsmaterial für die Diskussion, als eine der nützlichsten Lehren aus dem ganzen Unternehmen. Eine interimistische Treuhandgesellschaft hatte die 162 Parzellen erworben und nach neuem Zuschnitt zum größten Teil wieder an private Eigentümer veräußert.

In den Wohnformen offerierten die Planer gemäßigt, nicht aber radikal Neues. Die Interbau bot das vorhandene Repertoire auf: vom Einfamilien- und Reihenhaus über vier- und achtgeschossige Scheibenhäuser bis zu sechzehn- und siebzehnstöckigen Punkthochhäusern. Gelobt wurde Walter Gropius' Weisheit, sich in seinem Objekt an herkömmliche Zweispänner mit Mittelfluren gehalten zu haben. Alvar Aaltos ‚Allraum'-Wohnungen, in denen der Wohnraum zugleich Erschließungszone für weitere Zimmer war, stießen bereits auf Bedenken. Le Corbusiers Unité d'habitation wurde, da von ihren Dimensionen her unverträglich, nach weit draußen, in die Nähe des Olympiageländes, ausgelagert. Van den Broek & Bakema und Pierre Vago sahen in ihren Objekten zwar auch Maisonette-Wohnungen vor, mieden aber die Corbusierschen rues corridor sowie den Kontrast der niedrigen Räume zum zwei Geschosse hohen Wohnraum und wählten statt

dessen eine abgemilderte Variante mit anderthalb Stockwerk hohen Wohnzimmern. Andere Maisonette-Typen hielten mit allen Räumen die beiden Stockwerksebenen ein. Finanziert wurde nach den Vergabebedingungen des Sozialen Wohnungsbaus, ausgenommen die Einfamilienhäuser.

Bei Fachleuten stieß die Interbau auf herbe Kritik. Jüngere Planer wünschten sich mehr Dichte, mehr Aktion, weniger säuberlich trennende Funktionalität. Martin Wagner, Berlins Stadtbaurat bis 1933, warf dem Berliner Senat Großmannssucht vor und fand die Wohnungen kleiner, teurer und geringwertiger als die der zwanziger Jahre. Tatsächlich lagen die Baukosten beträchtlich höher als üblich, etwa 35 Prozent über den normalen Kosten. Bei den Bewohnern war und ist das Hansaviertel populär. Wo auch sonst liegen großstädtische (wenn auch knapp zugeschnittene) Wohnungen am wichtigsten innerstädtischen Park, verfügen nicht nur über die notwendigen Geschäfte des täglichen Bedarfs sondern auch über kürzeste Wege zu U-Bahn, S-Bahn, Fernbahn? Auch unvertraute Grundrisse waren vor dem Hintergrund aktueller und noch lange anhaltender Wohnungsnot akzeptabel. Man nahm, was man bekam, auch wenn es ungewöhnlich war. Noch war die ‚stadt von morgen' eine Stadt der Wohnungsämter, in der keiner seine Wohnung wählen konnte, sondern jeder sie behördlich zugewiesen erhielt.

IBA Berlin 1984/1987,
Demonstrationsgebiete der IBA
(Tegel, Prager Platz, Tiergartenrand,
Südliche Friedrichstadt, Luisenstadt
und Kreuzberg SO 36), Lageplan.
Aus: Internationale Bauausstellung
Berlin 1988. Die Neubaugebiete.
Dokumente, Projekte

Die nächste deutsche Bauausstellung von internationalem Ruf, die Internationale Bauausstellung
Berlin 1984/1987, bezog sich ausdrücklich auf ihre
Vorgängerinnen, auch wenn sie sich eine andere
Abkürzung zulegte: IBA statt Interbau. Ursprünglich
sollte die IBA Berlin 1981 stattfinden, zum fünfzig-
jährigen Jubiläum der Deutschen Bauausstellung
von 1931, deren 25. Geburtstag auch die Interbau
hatte feiern sollen. Daß Bauausstellungen nicht
pünktlich fertig werden, scheint jedoch in der Natur
der Sache zu liegen.
Von ihren politischen wie mentalen Voraussetzungen her vertrat die IBA ein Gegenprogramm zur
Interbau. Die Interbau hatte vom Aufbaupathos pro-
fitiert und war der – freilich schon erschütterten –
Ideologie der Moderne gefolgt. Hatte sie noch auf
großflächig abgeräumtem Terrain ein neues
Wohnen propagiert, so lauteten die Stichwörter nun
Stadtreparatur und behutsame Stadterneuerung.
Hinter der Interbau standen die entbehrungsrei-
chen Wohnerfahrungen der Nachkriegsjahre. Der
IBA Berlin lagen andere Frustrationen zugrunde:
die sozialen Probleme in den neu erbauten Groß-
quartieren, dem Märkischen Viertel und der Gro-
piusstadt, oder die Kahlschlagsanierungen in Char-
lottenburg, Luisenstadt und Wedding, die unter dem
euphemistischen Titel ‚Stadterneuerung‘ liefen. In
Berlin rechnete man vor der IBA noch mit dem

Abriß von 100 000 Wohnungen des ‚Substandards‘.
Bei der Vorbereitung der Ausstellung war auch das
Gefühl im Spiel, im zugebauten und eingeschnürten
Westberlin ein letztes Mal die Chance zu haben,
„mit einem Sprung nach vorn etwas in Bewegung
zu setzen"[9].
Noch in den siebziger Jahren drohten weite Teile
von Friedrich- und Luisenstadt durch die jahrzehn-
tealte Planung der Stadtautobahn-Tangenten zerstört zu werden, von denen der frühere Bausenator
Rolf Schwedler in unbegreiflicher Kurzsichtigkeit
erwartet hatte, sie würden „die innerstädtische
Struktur in ihren Grundzügen"[10] retten. In Erwar-
tung der Abrisse standen viele Wohnungen leer und
provozierten Hausbesetzungen. Allein um das Kott-
busser Tor sollten rund 3 000 Wohnungen abgerissen werden.[11] Wo saniert wurde, radikal oder
weniger radikal, stiegen die Mieten so, daß sie von
den bisherigen Bewohnern nicht mehr aufzubrin-
gen waren. Es kam zu überraschenden Koalitionen
zwischen jungen Kritikern aus der 68er Bewegung
und bejahrten Altbaubesitzern. Erste Versuche wurden gemacht, die Mitsprache der Bewohner zu insti-
tutionalisieren. Für das Projekt ‚Strategien für Kreuzberg‘ hatten sich 1976 bereits verschiedene Bürger-
organisationen zusammengeschlossen.
Die Vorgeschichte der IBA Berlin war kompliziert
wie die der Interbau; im Vergleich zu beiden hat die

IBA Emscher Park einen geradezu atypisch reibungslosen Verlauf genommen. In Berlin wechselten politische Verantwortung, Gremien, Zuständigkeiten und Organisationsformen ebenso oft wie das Leitungspersonal. Als Planungsdirektoren, die später „Berater des Senators" hießen, überdauerten Josef Paul Kleihues (‚IBA-Neu') und Hardt-Waltherr Hämer (‚IBA-Alt'). Die Polarisierung beider IBA-Teile und die unterschiedlichen Interessen ihrer Leiter dürfen nicht vergessen lassen, daß die Planungsziele so weit nicht auseinanderlagen. Beide Bereiche hatten es mit der vorhandenen, geschichtlich gewordenen Stadt und der Nutzung ihrer Ressourcen zu tun und bekannten sich dazu. Beide setzten, wenn auch in unterschiedlichen Anteilen, auf Reparatur und Ergänzung des gegebenen Stadtmusters durch qualifizierte neue Architektur – für die Kleihues den Begriff „Kritische Rekonstruktion" einführte – und auf die Instandsetzung alten Wohnungsbestands.

Die Theorien der Postmoderne, deren Ausbruch in die Planungsjahre der IBA fiel, haben sich auf die realisierten Gebäude unterschiedlich ausgewirkt. Die zitatfreudigen Fassadenspiele der Hollein, Krier, Rossi, Stirling sind in die windungsreiche Bauhistorie dieser pluralistischen Zeiten eingegangen und wirken heute bereits antiquarisch, zumal sie jetzigen Berliner Geschmacksparolen („Neue Einfachheit") diametral widersprechen. Von Dauer war dagegen die wiedergewonnene Aufmerksamkeit für das Labyrinthische und Fragmentarische der großen Stadt, das nicht auf einen Nenner zu bringen ist. Patchwork, Collage und Improvisation bedeuteten im Gegensatz zu den Großbaumaßnahmen der sechziger und frühen siebziger Jahre neue Verhaltensmuster. Eine geänderte, an stadthistorischen Traditionen sich orientierende Strategie, die auch kleinräumige Eingriffe ermöglichte, wurde über den Begriff der Typologie möglich gemacht. Die IBA-Architekten entdeckten die Qualitäten von Straße, Platz, Hof, Häuserblock und ‚Stadtvillen', wie die freistehenden, aber mit Wohnungen in mehreren Etagen belegten Stadthäuser irritierenderweise genannt wurden.

Die historische City lag jenseits der Berliner Mauer. So nimmt es sich wie eine Ersatzhandlung aus, wenn der Planungsstreifen, der von der Rauch-straße am südlichen Tiergartenrand über Lützowplatz, Kulturforum, Südliche Friedrichstadt bis nach SO 36 reichte und von der IBA bearbeitet wurde, „Cityband" genannt wurde. War das Cityband als zusammenhängendes Planungsgebiet gerade eben noch kenntlich, so lösten die Exklaven Prager Platz und Tegel vollends die Einheit von Ort und Zeit auf, die frühere Architekturausstellungen eingehalten hatten. Dabei entsprach der Tegeler Hafen am ehesten den klassischen Vorbildern von Bauausstellungen. Weit draußen, mit hohen Freizeitwerten versehen und repräsentativen Bauten der technischen und kulturellen Infrastruktur ausgestattet (Gustav Peichls Kläranlage, Charles Moores Humboldt-Bibliothek), bildeten die Villen und Wohnschlangen eine Insel der Seligen. Postmoderne Zitatspiele konnten hier, unweit des Schinkelschen Humboldt-Schlößchens, ungestraft durchgespielt werden.

Die Planer der IBA Berlin waren – wie später die der IBA Emscher Park[12] – stolz darauf, ihre Bauten unter den allgemein gültigen Förderungskriterien des Wohnungsbaus realisieren zu können. Immerhin erlaubten die Konditionen im Sozialen Wohnungsbau einen komfortablen Bauaufwand. Die Kostenmieten wurden zur Zeit der anlaufenden IBA von 21 auf etwa 16 Mark pro Quadratmeter heruntersubventioniert. In der Flächenbemessung durften IBA-Projekte die festgelegten Obergrenzen um 10 Prozent überschreiten. Ein zusätzlicher Zuschuß von DM 50 000 pro Wohnung konnte in bestimmten Fällen aus einem Förderprogramm des Bundes für ‚Versuchs- und Vergleichsbauten' in Anspruch genommen werden. Damit waren großzügig geschnittene Grundrisse mit originelleren Lösungen, Wintergärten oder Niveaudifferenzen möglich. Aber die Regeln der Wohnungsbauförderung verhinderten auch, daß in den Neubauten andere Bevölkerungsschichten als Mieter mit mittleren oder gehobenen Einkommen unterkamen. Bauträger waren zumeist die damals noch mächtigen gemeinnützigen Wohnungsbaugesellschaften, in deren Händen sich der innerstädtische Grundbesitz konzentrierte.

Heroisch waren die Anstrengungen, die im Kreuzberger Problemgebiet SO 36 gemacht wurden. Das eng verwobene Beieinander von Gewerbe und

IBA Berlin 1984/1987,
Behutsame Stadterneuerung
in Berlin-Kreuzberg
Foto: Moldenhauer,
S.T.E.R.N.-Archiv

Wohnen widersprach der störungsfreien Funktionstrennung, die bis in die siebziger Jahre praktiziert worden war. Nun wurde sie als bewahrenswerte Struktur, als „Kreuzberger Mischung" sogar zur Legende erhoben. Die lärmende, rußende Industrie des 19. Jahrhunderts war schon längst durch weniger störende Technologie abgelöst worden. Auch die Wohndichten waren rückläufig, so daß die Nähe von Bett und Werkbank, von Miethaus und Gewerbehof nicht mehr schreckte, sondern im Gegenteil die Vermeidung unnötigen Verkehrs versprach. Der Feinschleifer, der bei der Werkzeugfabrik Brucklacher arbeitete, oder der Aufnahmetechniker, der beim Kopfhörer-Produzenten Holmberg beschäftigt war, konnte um die Ecke wohnen und zu Fuß zur Arbeit gehen.

Als die IBA auf den Plan trat, hatte das verwahrloste Kreuzberg mit seinen rigorosen Flächensanierungen und seiner explosiven Mischung von Randgruppen bereits eine Tradition der Konflikte, Krawalle und Polizeiaktionen, die mehreren Regierenden Bürgermeistern das Regieren schwergemacht hatten. Die ‚Zwölf Grundsätze der behutsamen Stadterneuerung', die sich die IBA vom Abgeordnetenhaus absegnen ließ, machten die Bedürfnisse der Bewohner zum Maßstab. Konsens wurde zum Prinzip erklärt, vertrauenerweckende Baumaßnahmen wie Dachreparaturen, Trockenlegung von Mauern,

neuer Verputz oder Straßenbepflanzungen wurden empfohlen, öffentliche Einrichtungen wie Schulen und Kindergärten vorgeschlagen. Die Anstrengungen waren dort am größten, wo sie nach außen am wenigsten hermachten.

Die posthume Reputation der IBA Berlin entspricht nicht der enormen und überwiegend positiven Publizität, die sie während ihrer Laufzeit fand. Geänderte politische Bedingungen lassen ihre Leistungen und Bauten großenteils als Produkte einer Nischenkultur erscheinen. Angesichts der expandierten Bautätigkeit seit 1990, der Größe und Rücksichtslosigkeit der Projekte, die Staat und private Investoren nach der Wiedervereinigung realisieren, haben die Anstrengungen der IBA Berlin, im damaligen weltpolitischen Abseits wohnliche Bedingungen zu sichern, fast die Züge einer Don Quichotterie angenommen.

So war die Südliche Friedrichstadt, einst Geschäfts-, Ministerien-, Zeitungs- und Vergnügungsviertel der Metropole, von der IBA als Wohnstadt aufgefaßt und mit idyllischen, manchmal dorfähnlichen Strukturen besetzt worden. Nach dem Fall der Mauer lag auf diesem Stadtgebiet wieder der Entwicklungsdruck der nahe gerückten City. Wo Wohnort sein sollte, zogen Büros ein. Funktionen der Stadt nach Jahrzehnten der Funktionstrennung wieder zu mischen war in der Abseitslage Berlins vor 1990

IBA Berlin 1984/1987.
Blockbebauung Ritterstraße-Nord,
Südliche Friedrichstadt
Foto: Rau

leichter zu fordern und durchzusetzen als unter den veränderten Bedingungen nach 1990. In der Luisenstadt und in SO 36 ist die Befriedung durch Wohnnungspolitik, die von der behutsamen Stadterneuerung erhofft worden war, nicht eingetreten. Auch hier hat die neue Nähe zur Innenstadt, haben vor allem soziale Entwicklungen, die jenseits der Zuständigkeit von Architekten und Stadtplanern liegen, Spannungen verschärft.

Die Bauausstellungen des vergangenen Jahrhunderts waren nie von größerer Affinität zur ganz großen Utopie geprägt. Das Medium der Bauausstellung verliert sich nicht an unerreichbare Fernen. Insofern die Vorschläge der Ausstellungsmacher in gebaute Form übersetzt werden sollten, mußten sie sich an das halten, was im Zeitpunkt ihrer Entstehung – wenn auch mit Anstrengungen – bereits realisierbar war. Seit der Darmstädter Mathildenhöhe lag zwischen den vorgeschlagenen Änderungen und der alltäglichen Praxis eine mehr oder minder große, nie jedoch unüberbrückbare Spanne. Zumeist waren die Ausstellungen ihrer Zeit nur um jene Distanz voraus, von der noch eine Aufforderung zum Handeln ausgehen konnte – denn die universale, unerreichbare Utopie entmutigt.
Bei der Vorbereitung der Berliner Interbau ist darüber auch explizit diskutiert worden. Die Ausstellung, die unter dem Stahlfachwerk des Pavillons an der Siegessäule stattfand, hieß ,die stadt von morgen', aber nicht ,Die Stadt der Zukunft', wie Karl Otto zunächst formuliert hatte. „Denn es ist sehr viel einfacher, an ein Heute anzuknüpfen und ein Morgen zu überdenken, als vom Morgen aus in ein Übermorgen zu phantasieren."[13] So faßte die Interbau zusammen und akzentuierte, was längst in

die Planungen deutscher Ämter Eingang gefunden hatte. Auch Ottos theorienähere Ausstellung ,die stadt von morgen' arbeitete mit Fallbeispielen, die längst zur Planungspraxis gehörten, und stellte zwölf bereits realisierte oder durchgeplante Trabantensiedlungen und Stadtquartiere von Aachen bis Wien vor, also Zukunft, die bereits Gegenwart war. „Die gezeigten Planungsbeispiele vermeiden jede Utopie!", hieß es geradezu beschwörend im Katalog.[14]
Die IBA 1984/1987 war bereits ein explizites Bekenntnis zur Geschichte der Stadt. Eine Vorwegnahme ferner Zukunft auf Kosten des Vorhandenen wäre ihrer Planungsphilosophie geradezu entgegengelaufen. Die IBA Emscher Park hat sich in ihrem Themenfächer, aber nicht zuletzt im Respekt vor dem Vorhandenen von der IBA Berlin inspirieren lassen.[15] Daß sie sich ihrerseits auf ruhrgebietsspezifische historische Erfahrungen bezieht, liegt in der Konsequenz dieser Entwicklung zu mehr Bürgernähe, Alltäglichkeit, Gewöhnlichkeit.

Was die Bauausstellungen an Distanz einbüßten, legten sie an Aufgabenkompetenz zu. Die Interbau hatte es fast ausschließlich mit Wohnungsbau zu tun, die Kongreßhalle von Hugh Stubbins an der Spree war ein Nachzügler. Die IBA Berlin war mit Sanierung und Neubau auf den Stadtbrachen befaßt, aber auch mit Energiesparmaßnahmen (Häuser am Lützowplatz, Ökohaus in der Rauchstraße), Freizeitaktivitäten (Tegel), Wasseraufbereitung an Nordgraben und Tegeler Vlies, die beide in die Havelseen münden. Bei der IBA Emscher Park macht das Wohnen, wenn man den Begriff in seiner engeren Bedeutung nimmt, lediglich einen Teil der Tätigkeit aus, neben dem neuen Grünsystem, dem Umbau der

Emscher und ihrer Zuflüsse, der Förderung neuer Arbeitsstätten in zukunftsoffenen Branchen und dem Umgang mit Industriedenkmälern.

Entsprechend nahmen die Territorien, für die sich die Ausstellungen zuständig erklärten, an Umfang zu. Das Hansaviertel war noch eine überschaubare Maßnahme, ein arrondiertes Wohnquartier für 1 000 Wohnungen, das man in einigen Minuten durchqueren kann. So sollte auch die IBA Berlin zunächst, als Replik der Interbau, am südlichen – statt, wie 1957, am nördlichen – Tiergartenrand stattfinden. Schließlich erstreckte sie sich aber von Tegel bis zum Prager Platz über eine Strecke von 20 Kilometern, mit 5 000 neu gebauten und sehr viel mehr instandgesetzten Wohnungen. Die territoriale Zuständigkeit hat sich bei der IBA Emscher Park noch einmal ausgeweitet. Ihre Projekte finden sich in einem Band von 75 Kilometern Länge, von Duisburg bis Bergkamen.

Entsprechend haben sich die Strategien geändert. Das Hansaviertel war bei allen Wendungen, die das Unternehmen nahm, ein vollständig durchgeplantes und in einem Zuge überbautes Quartier. Im Berlin der IBA von 1987 bildeten zwar die Südliche Friedrichstadt und der Tiergartenrand Bereiche, in denen sich die Maßnahmen in größerer Dichte häuften. Trotzdem waren bei der Berliner IBA und sind erst recht im Gebiet der IBA Emscher Park nur punktuelle Eingriffe nach Art einer städtebaulichen Akupunktur-Therapie möglich. Zugleich bedeuteten die neueren Bauausstellungen eine Abkehr von der Komplettplanung zu einer Interventionsplanung. Es ist ihnen gut bekommen, daß der Druck der weltpolitischen Konfrontation, der auf der Interbau lastete, für die IBA Berlin kaum, für die IBA Emscher Park gar nicht mehr zutraf.

„Berlin ist viele Städte"[16], das Ruhrgebiet ist es erst recht. Es ist vor allem der Raum zwischen den vielen Städten. In seiner jüngsten Entwicklungsphase hat sich Berlin vom polyzentralen Denken weitgehend verabschiedet. Die Stadt hat hohe Verdichtungen im Westen der City, an Lehrter Bahnhof und Potsdamer Platz, und im Osten der City am Alexanderplatz zugelassen. Sie hat sich für ein zentralisierendes Eisenbahnsystem entschieden und damit gegen die Idee einer Ringstadt. Sie hat das um 1990 lebhaft diskutierte Konzept der ‚dezentralen Konzentration' im Brandenburger Umland mit Gleichgültigkeit behandelt. Im Revier wäre eine solche Zentralisierung weder politisch durchzusetzen noch strukturell erwünscht.

Wenn in Berlin Block und Quartier (‚Kiez') ein Leitbild bilden, so ist es im Ruhrgebiet die Gartensiedlung. Das hochverdichtete Quartier ist auf Stadtteil und Gesamtstadt enger bezogen als die Siedlung mit ihren geringen Wohndichten. Im Revier war die Siedlung dagegen dem nahen Industriewerk zugeordnet, oft in Abhängigkeit von ihm, als Zechenkolonie, errichtet worden. Die feinkörnige Mischung von Wohnen und Arbeit, die bei dem spezialisierten Gewerbe Berlin-Kreuzbergs möglich war, verbot sich allerdings bei den großflächigen Montanindustrien des Ruhrgebiets. Anders als Block und Quartier schloß sich die Siedlung gegenüber Gesamtstadt oder Region ab, als „Insel der Ruhe"[17] und als Identitätsangebot im suburbanen Zwischenland. Bezeichnendes Detail sind die durch Torbauten kontrollierten Zugänge, noch heute erhalten in Siedlungen wie Dortmund-Lenteninsel, Essen-Margarethenhöhe, Gelsenkirchen-Schüngelberg, Herne-Teutoburgia. Die Lebensinteressen waren nach innen konzentriert, produzierten Dichte,

Wärme, auch soziale Kontrolle. Draußen herrschten andere Welten. Planer tun gut daran, dieses kulturelle Muster zu beherzigen, auch wenn die wirtschaftlichen Abhängigkeiten zwischen Werk und Siedlung mit der Schließung der Zechen und Hütten sich längst erledigt haben.

Die großen Produktionsstrukturen unterliegen globalen Entwicklungen, aber die Wohnverhältnisse sollten den lokal geprägten Erwartungen genügen. Wo gegen sie verstoßen wird, nehmen Mieter- und Käuferschaft die Angebote nur zögernd auf. So schufen sich die Berner Architekten Franz Oswald und Andreas Schneiter mit ihren Kolonnadenhäusern auf der Zeche Prosper III in Bottrop Image-Probleme, als sie ihre drei- bis vierstöckigen Zeilen in strengen Parallelen reihten, und handelten sich das Verdikt ‚Kasernen‘ ein. Der revierspezifischen Prägung der Siedlung entsprach dieses Konzept nicht. Hier müssen Gruppenbildungen von Häusern und Menschen möglich und Freiheitsmargen in der subjektiven Aneignung von Haus und Garten gegeben sein. Auch wer längst kein Kleinvieh mehr hält und keine Brieftauben züchtet, möchte nach wie vor das Gefühl haben, es tun zu können.

Das Ruhrgebiet hat nicht nur eine Außenperipherie, es hat als Erbschaft der großen, für Betriebsfremde unzugänglichen Industrieterrains zahlreiche, gewissermaßen nach innen gewendete Peripherien. Seine Besiedlungsstruktur entsprach schon früh den Regeln der fraktalen Geometrie: viel Siedlungsrand im Verhältnis zur Siedlungsfläche.[18] Ränder und Reste finden sich in den stärker verdichteten Zonen und zwischen ihnen. Insofern widersprach es durchaus nicht der Eigenart dieser Planungslandschaft, als die Wohnungsbaugesellschaften, der nachlassenden Nachfrage auf dem Wohnungsmarkt folgend, zu immer kleineren Einheiten übergingen, die sich unbebauten Grundstücken leicht einfügen ließen. In den Anfängen der IBA Emscher Park waren noch Bebauungen à la Gelsenkirchen-Schüngelberg und -Küppersbusch, Herten-Backumer Tal oder Kamen-Seseke-Aue mit jeweils mehreren hundert Wohneinheiten möglich. Die Dortmunder Ergänzungshäuser im Blockinneren der Zechensiedlung Fürst Hardenberg oder die bunten Holzhäuser in Herten dagegen sind Nischensiedlungen von zwanzig bis dreißig Wohnungen.

Der unterschiedliche Lebenszuschnitt definierbarer Bewohnergruppen ist mit Pocket-Bebauungen wie den Frauenwohnungen in Bergkamen, den Altenwohnungen in Wattenscheid, den Wohnungen für Alleinerziehende in Recklinghausen-Süd oder den zahlreichen Selbsthilfe-Siedlungen eher zu bedienen als mit großen Objekten. Einer solchen Fraktionierung des Programms hatte bereits die IBA Berlin vorgearbeitet, deren Neubauten sich den Leerstellen vorhandener Strukturen einpassen mußten. Aber wo die Berliner sich auch in Baulücken effektvolle Ausstellungsarchitektur leisten konnten, sind im unteren Marktsegment des Reviers spektakuläre Gesten nicht bezahlbar und auch nicht angemessen. Wo nur ein low cost-budget zur Verfügung steht, ist der Zusammenschluß von Selbstbauern, Nachbarschaftshelfern und Berater-Architekten eher gefragt als souveräne Baukünstler mit berufsspezifischem Darstellungsdrang. Zumindest auf diesem Felde folgt die erklärte Absage der IBA an eine Architektur, die sich auf Kosten ihrer Umgebung profiliert, und an das Berliner „name dropping"[19] aus dem Zwang der Verhältnisse.

Seit der Berliner Interbau hat sich das Instrument Bauausstellung verändert. Von einer Planungsinstanz, die ein zusammenhängendes Stück Stadt

IBA · Emscher Park
– Landschaft,
Siedlung, Bergwerk:
Schüngelberg in
Gelsenkirchen-Buer
Foto: Vollmer

musterhaft verwirklicht, ist es zu einer Planungs-
agentur geworden, die Probleme sichtbar macht,
Strategien andeutet, Bewußtsein und schließlich
auch Architektur aktiviert. Schon die Verdienste
der Berliner IBA bestanden zum guten Teil in ihrer
didaktischen und polemischen Leistung, in der Ver-
deutlichung historischer Stadtstrukturen, in der
Entwicklung von Sanierungsmethoden. Was die
konkreten Projekte betrifft, wären viele auch ohne
die IBA auf den Weg gekommen, wenn auch in
schlechterer Qualität.

Die IBA Emscher Park hat, wie ihre Berliner Vor-
gängerin, Argumentation, Animation, Begleitung,
Moderation, Akzentuierung und Diskurs zu ihren
Verfahren gemacht. Als Planungsinstanz tritt sie
selbst nicht auf, statt dessen als Koordinationsstelle,
die Aktivitäten von Bauträgern und Bauherren stimuliert, bündelt, in Zusammenhänge rückt, der
Öffentlichkeit vorlegt, zur Diskussion stellt. Die entscheidenden Vorgänge finden im Kopf statt. Inso-
weit hat auch diese realitätsnahe IBA eine Utopie:
die einer Planung als Prozeß, die ihre Impulse den
Betroffenen so deutlich veranschaulicht und den
widersprüchlichen Interessen so umsichtig gerecht
wird, daß sie künftige Bauausstellungen überflüssig
macht.

Anmerkungen

1 Johannes Cramer, Niels Gutschow, Bauausstellungen.
   Eine Architekturgeschichte des 20. Jahrhunderts, Stuttgart 1984, S. 37
2 Zur Bebauung innerstädtischer Trümmerflächen. Der
   Wettbewerb um das Berliner Hansa-Viertel, in: Bauwelt
   3/1954, S. 45. – Zu Interbau und Hansaviertel vgl.
   Johann Friedrich Geist, Klaus Kürvers, Das Berliner
   Mietshaus, München 1989, S. 360ff
3 Karl Mahler, Internationale Bauausstellung 1956, in:
   Bauwelt 35/1953, S. 681ff
4 Gerhard Jobst, Ordnung im Städtebau, in: Bauwelt
   3/1954, S. 48
5 Zit. nach Geist/Kürvers, a.a.O., S. 375
6 Gunther Ipsen, Rainer Mackensen, Stadt und Mensch,
   in: Karl Otto (Hg.), die stadt von morgen, Berlin 1959,
   S. 39
7 Ebd.
8 Theodor Heuss (Vorwort), in: Interbau Berlin 1957,
   Katalog, S. 12
9 Armando Kaczmarcyk, Die IBA zwischen Anspruch und
   Kosten, in: werk und zeit 1/1980, S. 14. – (Senatsbaudi-
   rektor) Hans Christian Müller, in: Protokoll des Beirats
   beim Senator für Bau- und Wohnungswesen vom 24.
   Januar 1975
10 Rolf Schwedler, Die baulichen Aufgaben in der Haupt-
    stadt Berlin, a.a.O., S. 16
11 Bauausstellung Berlin GmbH (Hg.), IBA '84'87. Projekt-
    übersicht Stadterneuerung und Stadtneubau, Berlin
    1982, S. 6
12 Thomas Sieverts, Städtebau und Architektur in der
    Emscher Park-Ausstellung, undat. Typoskript, S. 6
13 Erich Kühn, Düsseldorf, in: Internationale Bauau-
    stellung Berlin 1957 (Interbau). Thematische Schau.
    Die Stadt von morgen, 1. Arbeitsgespräch, Berlin,
    28./29. Oktober 1955, maschinenschriftliches Proto-
    koll, S. 3. Stiftung Archiv der Akademie der Künste,
    Berlin
14 Karl Otto (Hg.), die stadt von morgen. gegenwartspro-
    bleme für alle, Berlin 1959, S. 86
15 Internationale Bauausstellung Emscher Park (Hg.),
    Memorandum zu Inhalt und Organisation, undat.
16 Der Senat von Berlin an das Abgeordnetenhaus, Vorlage
    über die Vorbereitung und Durchführung einer Interna-
    tionalen Bauausstellung in Berlin im Jahre 1984, Druck-
    sache 7/1252 vom 30. Juni 1978
17 Karl Ganser, Thomas Sieverts, Architektur in der Inter-
    nationalen Bauausstellung Emscher Park, in: Interna-
    tionale Bauausstellung Emscher Park (Hg.), Architektur
    für den Strukturwandel, Gelsenkirchen 1996, S. 20
18 Vgl. Sybille Becker u. a., Selbstorganisation urbaner
    Strukturen, in: Arch+, März 1994, S. 57ff
19 Karl Ganser, Thomas Sieverts, Architektur in der Inter-
    nationalen Bauausstellung Emscher Park, a.a.O., S. 12

Dirk Meyhöfer
Wohnküche und Muldensystem,
Gemeinschaftswohnung und Gentrifizierung
Die Siedlungsprojekte Teutoburgia (Herne), Schüngelberg (Gelsenkirchen),
CEAG und Depot (Dortmund)

Wohnen tut jeder, kann jeder. Zumindestens allein.
Zu zweit beginnen die Schwierigkeiten, in der
Wohngemeinschaft steigern sie sich schon ins Pro-
blematische und in einem kleinen Dorf erst recht.
Was müssen Siedlungsbauer und Wohnungswirt-
schaftler heute alles berücksichtigen, um einer
Gruppe von Menschen individuellen Wohnraum
zu geben und harmonische Sozialisation zu ermöglichen – haben sie überhaupt zwischen Individualität und Gemeinschaftsaufgabe eine Chance? Wie
sehen die Vorbilder für morgen aus?
Fragen wie diese für das Ruhrgebiet anhand von
vier Beispielen zu beantworten, ist hier die Aufgabe;
Beispiele der IBA-Emscher Park am Ende ihrer
Tätigkeit und am Beginn eines neuen Jahrhunderts.
Der Stadtbaukritiker Dieter Hoffmann-Axthelm be-
schreibt 100 Jahre Berliner Stadterweiterung – der
Wohnungsbau spielt dabei ja wohl eine entscheidende Rolle – nicht als Kreisbewegung, weil „An-
kunft beim Ausgangspunkt in der Geschichte so
wenig möglich ist wie im Leben"[1], sondern als eine
Art Spiralbewegung. Eine Überlegung, die mir vor
dem Hintergrund der besuchten Wohn- und Siedlungsprojekte im Ruhrgebiet gefallen hat. Parallelen
sind erkennbar. Denn das, so glaube ich, ist die
Kernfrage: Führen die Neubauprojekte zum Thema
‚Wohnen im Park', so wie sie die Internationale Bauausstellung IBA Emscher Park präsentiert hat, am
Ende nur wieder zum Ausgangspunkt?
Die folgenden Spaziergänge sollen diese Frage
beantworten, denn die Siedlungen und Projekte
decken mit ihrem Ursprungsdatum fast dieses ganze Jahrhundert ab. Vier Projekte in Dortmund, Gelsenkirchen und Herne können im weitesten Sinne
als Arbeiter- und damit als sozialer Wohnungsbau
im größten deutschen Verdichtungsgebiet verstanden werden. Das Ruhrgebiet hat sich allerdings nie
den Anspruch gestattet, Metropole sein zu wollen.
Zu kleinteilig und dörflich waren die Ursprünge.
Der Bergarbeiterwohnungsbau hatte nicht die Visio-

nen entwickeln können (wollen?) wie die Heroen
der neuen Sachlichkeit in Frankfurt am Main, Wien,
Hamburg oder Berlin. Sätze wie „In den Siedlungen
der zwanziger Jahre wurden die künstlerisch-ästhe-
tischen, städtebaulichen, technisch-produktiven
und gesellschaftspolitisch-sozialen Ideen verwirklicht, welche die Avantgarde jener Zeit als wesentliche Komponenten für Aufgaben und Ziele der
Architektur erkannt hatte"[2] (Liselotte Ungers),
standen in dieser differenzierten Betrachtungsweise
an der Ruhr nicht auf dem Programm. Bergarbeiterwohnungsbau galt vor und nach der Jahrhundertwende als grundsätzliche, existentielle Frage. Er
sollte sicherstellen, daß die notwendigen Arbeits-
kräfte an die Ruhr gebunden werden konnten.

Wohnen im Revier – mehr als Sozialromantik?
oder Siedlung Teutoburgia (I)
So steht beispielsweise in Carl Debus' Inaugural-
Dissertation (1915): „Man könnte unsere gesamte
Kulturgeschichte eine Geschichte der Wohnung
nennen. Man hat schon gesagt, der Mensch sei das,
was er esse; jedenfalls richtiger ist, zu sagen, er sei
das, was ihn seine Wohnung werden lasse."[3] Debus'
Arbeit galt der Arbeiterkolonie Teutoburgia in Herne-Börnig als Beispiel für das Arbeiterwohnungs-
wesen. „Die leidigen Wohnungszustände und der
ungenügende Arbeiterschutz sind dann auch des
öfteren von den Streikenden als Grund für die Ar-
beitsniederlegung geführt worden."
Die 1909 gegründete Siedlung Teutoburgia schien
Carl Debus geeignet, diesen Trend zu stoppen. Die

Siedlung mache, schreibt er, auf den Besucher eher den Eindruck einer Villenkolonie: „Die geschwungenen Wege, welche die einzelnen Häuserviertel miteinander verbinden, sind wohl gepflegt, die Mitte der Baarestraße [die Siedlungs-Hauptachse, die direkt auf das ehemalige Zechentor zuführt; DM] ziert ein auf beiden Seiten mit Blumen bepflanzter, breiter Rasenstrich, den im Sommer schöne Blumenbeete einfrieden. Die Häuser selbst sind von Gärten umgeben, meistens an der Front mit einem überdachten Sitzplatze versehen, der dem Bewohner und seiner Familie in der wärmeren Jahreszeit in freier Luft Ruhe und Erholung bietet von des Tages Mühe. [...] Besonders hervorzuheben ist, daß das Prinzip der Trennung der sämtlichen Wohnungen streng durchgeführt ist. Obwohl mehrere Familien in einem Hause zusammenwohnen, hat doch jede von ihnen einen gesonderten Zugang. Eine gemeinsame Benutzung von Räumen, selbst von Fluren, die schon zu bösen Reibereien geführt hat, oder von Aborten, die der Übertragung von Krankheiten förderlich ist, ist peinlichst vermieden worden. Sogar auf die Gartenanlagen ist der Grundsatz ausgedehnt worden; sie sind durch besondere Einfriedung von einander getrennt."[4]

Debus' Promotionsschrift ist ein exakter Spiegel der Aufbruchsstimmung jener Zeit, des Deutschen Werkbunds etwa oder der Gartenstadtidee. Das klingt heute sozialromantischer, als es war. Denn das Kaiserreich brauchte die Arbeiterschaft für seine imperialistischen Pläne und sorgte sich entsprechend um sie. Aber Probleme des ‚Massen'wohnungsbaus verschweigt Debus genausowenig und spricht aus, was andere Generationen später nur zu denken wagen: „Der polnische Arbeiter stellt ja bekanntermaßen nicht so hohe Ansprüche an das Leben wie der eingeborene!"

Die Siedlung Teutoburgia in Herne, das heißt ihre Modernisierung oder – besser gesagt – Rekonstruktion, ist heute ein IBA-Projekt. Sie sei ein einzigartiges Dokument der Architektur- und Sozialgeschichte der Stadt, heißt es in einer Broschüre.[5] Die knapp 140 Gebäude mit 459 Wohnungen, die zwischen 1909 und 1923, ganz zeitgeistig – wie zu lesen war – entstanden sind, haben ihren Wohnwert bis heute behalten. Den eigentlichen Grund ihrer Existenz verloren sie für Ruhrgebietsverhältnisse schon sehr früh, als der Arbeitgeber der meisten Bewohner die Zeche Teutoburgia schon 1925 nicht mehr förderte. Dennoch ist Teutoburgia ein typisches Stück Ruhrgebiet geblieben und gilt nach der Kruppschen Margarethenhöhe in Essen als wichtigste Gartenstadtsiedlung an Ruhr und Emscher.

Teutoburgia war und ist auch ein Stück meiner eigenen Biographie. In der Teutoburgiastraße wohnte bis 1944 die Familie meiner Mutter. Keine ‚Eingeborenen', sondern Zuwanderer aus Ostpreußen. Meine Großeltern lebten mit vier Kindern in einer typischen Doppelhaushälfte auf etwa 70 Quadratmetern. Allein 80 Häuser sind in Teutoburgia Doppelhäuser. Die Erinnerungen meiner Mutter, die dort ihre Kindheit verbrachte, handeln vom friedlichen, ja zufriedenen Familienleben. „Gediegen wie in einem Eigenheim", sagt sie heute, „wir lebten abgeschlossen und für uns." Mit einer „Sommerküche" vor der eigentlichen Wohnküche mit direktem Ausgang zum Garten und zum obligatorischen Stallgebäude. In der Sommerküche stand auch eine steinerne Badewanne mit direktem Wasseranschluß – purer Luxus damals.

Weil ich auch den familieneigenen Bauernhof im ostpreußischen Jägersdorf kenne, kann ich nachvollziehen, daß sich alle in dieser fast ländlichen Idylle zu Hause fühlten, auch wenn der Großvater an die Kohle mußte. Das 1935 in Ostpreußen neu erbaute Bauernhaus der Familie hätte auch vom Architekten Berndt stammen können, der Teutoburgia gebaut hat: Krüppelwalm, Mansarddach, Fachwerkschmuckelemente, heller Putz. Alles ländlich gemütlich. Der gängige nationaltraditionalistische Stil war in Stadt und Land, in Kaiser- und Nazireich willkommen.

Mit Teutoburgia kam ich in den fünfziger Jahren in Berührung. Wahrscheinlich waren es die schlechtesten Jahre der Siedlung. Das Haus der Großmutter war am 9. November 1944 einem Bombenangriff zum Opfer gefallen, sie war Witwe. Jetzt mußten sie und ihr jüngster Sohn sich, typisch für die Nachkriegszeit, eine Wohnung mit einer anderen Familie teilen. Wir besuchten sie einmal pro Woche in der Schlägelstraße, wo es nur ein WC auf der halben Treppe und keine Steinwanne mehr gab. Der Putz der ehemals eleganten Häuser war jetzt mausgrau, die Bombenschäden waren nur notdürftig beseitigt worden, die Straßen holperig (Marke Feldweg), das Gemeinschaftsgrün vernachlässigt. Den Bergwerksgesellschaften ging es damals vor den ersten Stillegungen schlechter. Im Stall, den es auch in der Schlägelstraße gab, stand jetzt das DKW-Motorrad

meines Onkels, das er nach der Schicht ausdauernd reparierte und pflegte. Auch er arbeitete auf der Zeche.

Ich hatte keinen inneren Zugang zur Siedlung, außer der Großmutter und meinem Onkel kannte ich niemanden näher, meine Schulfreunde wohnten ohnehin woanders, und das verstärkte für mich den Eindruck, daß Teutoburgia eine unzugängliche Insel war: eigenständig und ein bißchen zurückgeblieben. Denn die fünfziger Jahre hatten an anderer Stelle der Stadt moderne, mit Koks beheizte Zeilenbauten im Bergmannswohnungsbau entstehen lassen. Meine Meinung über Teutoburgia faßte ich später immer dann mit einem einzigen Wort zusammen, wenn ich mich bei meiner Mutter nicht durchsetzen konnte und sie mich auf vermeintliche Risiken meines Handelns aufmerksam machte: „Du", sagte ich in solchen Fällen, „du mit deiner Teuto-Mentalität!" Das klang nach Dorf und war auch so gemeint: Gesellschaft mit beschränktem Ausblick, aber auch eigenen Idealen und eigener Solidarität. Lob und Tadel. Schlichte Bewunderung für die Insulaner.

Ich kehrte Herne und Teutoburgia den Rücken. Nach dem Architekturstudium kehrte ich mit Respekt zurück. Und inzwischen war jedermann auf Teutoburgia aufmerksam geworden: „… gestalterische Vielfalt als auch die hervorragenden Wohnqualitäten einer Gartenstadtsiedlung aus der Zeit der Jahrhundertwende"[6]. Die IBA Emscher Park kümmerte sich um Teutoburgia und um viele andere historische Bergarbeitersiedlungen. Seit Roland Günther 1972 die Rettung und Erhaltung der Oberhausener Siedlung Eisenheim, einer Art Urgestein dieser Spezies, eingeleitet hatte, waren der physi-

Ergänzung der alten
Arbeitersiedlung
Schüngelberg durch
200 neue Wohnungen
(Architekt Rolf Keller)
Foto: Vollmer

sche und metaphysische Wert aller dieser Anlagen
endgültig erkannt.

Ein Schweizer in Gelsenkirchen:
die Siedlung Schüngelberg

Der Gelsenkirchener Schüngelberg ist in derselben
Zeit wie Teutoburgia, 1905 bis 1919, entstanden.
Der Zechenbaumeister Wilhelm Johow hatte noch
viel mehr als die ursprünglichen 308 Wohnungen
vorgehabt, aber mehr Häuser und einen zentralen
Platz hat die Weltwirtschaftskrise verhindert. Der
Schüngelberg ist auch so beeindruckend: Die Anlage wird durch die mächtigen Übertageanlagen der
Zeche Hugo und die Abraumhalde Rungenberg so
abgekapselt und geschützt, wie es sich eine mittel-
alterliche Stadt nur hätte träumen können. Es gibt
nur eine einzige Zufahrt, und automatisch stellt sich
ein Gefühl wie auf einem anderen Stern ein. Schüngelberger sind ganz eigene Menschen. Mag die
architektonische Qualität hinter der von Teutoburgia zurückstehen, geplante Abrißpläne in den sechziger und siebziger Jahren hat der Schüngelberg
dennoch überstanden und steht nun unter dem ver-
dienten Denkmalschutz. Durch seine teilweise dichte Reihenhausbebauung wirkt der Schüngelberg
städtischer als Teutoburgia. Betritt man jedoch die
hinteren Gärten, dann stellt sich das Gefühl vom
Lande wieder ein.

Allerdings hat sich einiges geändert, wenn man
genau hinschaut. Ackerbau und Viehzucht, auch
wenn früher nur zur Eigenversorgung betrieben,
sind zugunsten kleiner Holzhütten, Schaukeln und
Gartenzwerge rückläufig. Auch ist in der Mitte der
Gärten nun ein öffentlicher, ein Gemeinschaftsbe-
reich ausgewiesen. Ein Thema, das mit Variationen

bei fast allen IBA-Wohnprojekten auszumachen ist.
Wie auch die kleinen Sickergräben. Das Regenwasser, das von Dächern abläuft oder in den Gärten
versickert, wird in ein ‚Mulden-Rigolen-System‘
geleitet. Regenwasser gelangt auf diese Weise vor-
gereinigt in den nahen Lanferbach. Dieser Bach
war jahrzehntelang kanalisierter Schmutzwasser-
lauf und wird jetzt renaturiert und nach Entwürfen
des Ateliers Dreiseitl als Bachtal zwischen Halde
und Siedlung gestaltet. Der Schüngelberg wird
dadurch zum Beispiel des vernetzt ökologischen
Denkens der IBA.

Das Thema hieß hier außerdem Erhaltung und
Addition. Wilhelm Johows Pech erweist sich im
nachhinein als Glück. Die Freifläche im geschützten Schüngelberg-Areal wurde neu bebaut. Wohl
kein anderes Beispiel der IBA Emscher Park macht
wie der Schüngelberg deutlich, daß der ‚Staffelstab‘
des alten Wohngeistes und der Wohnqualität
weitergegeben wird. Sogar dann, wenn ein Schwei-
zer Architekt den Stab übernimmt und, weil er es
nicht anders kannte, keine oder nur wenige Keller
baute, wo doch jeder weiß: „Der Bergmann braucht
den Keller für die Kohle.“

Der inzwischen verstorbene Rolf Keller hat vor fast
zwanzig Jahren im schweizerischen Zumikon die
Siedlung Seldwyla verwirklicht, die Heim für 20
Eigentümer von Reihenhäusern wurde: *Architektur
& Wohnen*-Redakteur Heinrich Scharfenorth notierte
damals: „Wohnen und Leben in enger nachbar-
schaftlicher Gemeinschaft – statt in beziehungslo-
sen Einfamilienhäusern; Reihenhäuser, die unver-
kennbare, individuelle Gesichter haben, die
Identität ermöglichen; vielfältige und vertraute, aus
der Historie entnommene Formen – statt rigoroser

Moderne."[7] Ein weiß geputztes Häusermeer, mit Plätzen, Gärten und Treppchen, die den Hang erobern. Ganz schwyzerisch, und wenn eine Edelgazette wie *Architektur & Wohnen* darüber berichtete, gehörte es damals an die Spitze der Wohnwünsche.

Der Schüngelberg ist ein norddeutsches Abbild von Seldwyla. Ein bißchen klarer gebaut, nicht mehr so verspielt wie das ‚postmoderne‘ Vorbild. Ein Grundtypus taucht in der gesamten Siedlung auf: Mehrere Reihenhäuser bilden ein hochgerecktes Langhaus. Und aus den flachgeneigten Satteldächern schiebt sich in der Hausmitte ein Giebelgeschoß heraus. Wie eine kleine Pagode sieht dies in der Seitenansicht aus. Oben unter dem Dach liegen die abgeschotteten Schlafzimmer. Schichtdienst, Tagesschlaf und Bergmann gehören leider zusammen. Dort oben hat der Architekt kleine Fenster vorgesehen – für die einen (ein Altbewohner im Schüngelberg) ‚Schießscharten‘, für andere (die Bauherren) leider sehr teuer, denn „kleine Fenster sind so teuer wie große. Und es gibt viele, sehr viel davon!" Diese Fenster prägen sich dem Besucher ein, genauso wie die weißen Wände, die unvermittelt auf den Asphalt stoßen und dabei, enge Gassen und Plätze bildend, mediterrane Grandezza entwickeln.

Rolf Keller war ein Architekt mit unkalkulierbarer Durchsetzungskraft. So setzte er unter anderem metallene filigrane Treppenvorbauten mit Regenschutz durch, die jeweils etwa 10.000 Mark kosten. Nicht nur wegen ihrer Schönheit, sondern weil sie auch als Veranda funktionieren sollen, die zwischen dem öffentlichen Gassenraum und der Wohnküche (!), die ja schon privat ist, zum Verweilen einladen – so wie früher. Wie in Schüngelberg-Alt werden die Wohnungen nach hinten durch kleine Terrassen und Gärten – Schalke-Flagge inklusive – ergänzt. Dahinter verlaufen von Hecken eingefaßte öffentliche Wege. Im Kern liegen die Gemeinschafts-Grünbereiche. Teutoburgia läßt grüßen. Natürlich gibt es da einen entscheidenden Unterschied, und der besteht aus den drei Buchstaben P, K, W. Selbst die ‚Integration‘ von Personenkraftwagen gelingt, wenn sie vor den Häusern und unter den Hausaußentreppen stehen können.

Ja, hier möchte man wohnen; leider erfüllt nicht jeder die Voraussetzung, da es ein Belegungsrecht für Bergleute und deren Familien gibt. Und, was meinen die? Eine kleine Zitatensammlung aus dem Gedächtnisprotokoll: „Ich weiß nicht, ob ich bleibe. Zu viele laute Blagen, die hier keine richtige Beschäftigung finden", sagt ein kinderloser, etwa 35 Jahre alter Bergmann. Er bewohnt allerdings ein etwas unglücklich geschnittenes, vor unerwünschten Blicken nicht geschütztes Seitengrundstück (mit starker Einsichtnahme). Eine gegenteilige Stimme: „Super! Und so ganz langsam wächst hier so etwas wie Gemeinschaft zusammen!" (Familie mit Kindern und einem Garten, der in einen der zentralen Höfe reicht) „Bißchen langweilig, keine Kneipe." Und immer wieder: „Die Kinder machen zu viel Blödsinn!" Positives überwiegt: „Der Mietpreis ist ‚nice‘, die Wohnungen spitze." Insgesamt, ob deutsche oder ausländische – immer ein bißchen positiver denkende – Anlieger, heißt das Gesamturteil „kuschelig". Nur in einem Punkt kennt man kein Pardon: „Also die Vorgärtenflächen mit Granulat auszufüllen", wie es der Architekt vorschreiben wollte, trifft auf tiefes Unverständnis. „Da trittste nur den Dreck in die Bude!"

Architekt und Endverbraucher gehören eben unterschiedlichen Welten an. Mit spanischer Flagge über der Hazienda oder eigenwilligen Blumenampeln bauen sich die Schüngelberger sowieso eine eigene Ebene mit persönlichen Duftmarken über die Architektur.

Die und der Städtebau sind hier sehr stark. Keller hat hier, als müsse er der bewegten Topographie der Schweiz folgen, gebaut, aber auch so diszipliniert. In jenem Teil, wo die Neubauten an die alte Substanz anschließen, nehmen sie deren Ausrichtung und Grundmuster auf. Im weiter entfernten Areal drehen sich die Langhäuser, die hier mit

CEAG–Siedlung
in Dortmund:
„Wohnschlange" und
„Teppichbebauung"
Foto: Blossey

einem flach geneigten Hang abfallen, aus dem Ursprungsraster heraus und richten sich auf die Halde Rungenberg aus, die vom Architekten zu einer Doppelpyramide überformt wurde. Der Rungenberg spielt hier Alpenvorland, er ist aber auch ein richtiger Hügel, und die Blicke durch die Langhausschlucht zu ihm hinauf sind nicht nur einzigartig imposant für Gelsenkirchen, sondern erhalten wieder Anschluß ans Gesamtkonzept: das Wohnen im Park, denn der Berg darf erobert werden. Die Halde als weithin sichtbare ‚Landmarke' in der Region wird noch einmal überhöht: Durch das Nachtlichtzeichen der Künstler EsRichter aus Berlin und Noczulak aus Oberhausen.

Die Siedlung schlägt in ihrer Gesamtqualität so manche ehrgeizige neue Wohnstadt Berlins oder Hamburgs, weil sie gestalterisch zu den *top ten* in Deutschland gehört und auch noch von den Bewohnern geliebt wird. Das Kohlenhalden-Sedwyla von Gelsenkirchen-Buer zählt zu den kräftigsten und individuellsten neuen deutschen Siedlungen. Und dennoch ist der Schüngelberg sich selbst treu geblieben.

Oase in der gemischten Industriestadt: das ehemalige CEAG-Areal in Dortmund-Nord

Ebenfalls mit einer starken architektonischen Geste – ‚Wohnschlange' genannt – trutzt eine Wohnsiedlung auf dem Gelände einer ehemaligen Fabrik (CEAG-Dominit-Industriefilter) dem starken Autoverkehr an der Ebertstraße im Dortmunder Norden, für mich einst das Herz der Stahlschmieden im Ruhrgebiet. Vororte wie diese werden weiterhin durch ihren Mischnutzungscharakter geprägt sein und autarke, introvertierte Gartenstadtsiedlungen gar nicht erst zulassen. Keine ein- bis zweigeschos-

sige Niedlichkeit im Park, sondern städtische Geste und hohe Verdichtung. Das glaubt man zunächst und wird dann um so mehr überrascht. Das Projekt hat sich dem Genius Loci angepaßt und trotzdem lange Entwicklungslinien aufgenommen.

Drei Bauteile sind zu unterscheiden: erstens die 30 Wohnungen im ehemaligen, denkmalgeschützten Verwaltungsgebäude, die damit leben müssen, daß sie aus einer Büroumnutzung heraus hinsichtlich Raumzuschnitt und -höhenangebot nur ein Kompromiß sein können; zweitens die ‚Wohnschlange', ein schlanker, leicht zurückgesetzter straßenbegleitender Riegel mit Durchgängen nach hinten und Süden, hinein in ein geschütztes, das dritte, flach bebaute, durchgrünte Wohnquartier.

Hoch und flach zusammen zu bauen, war eine Idee der siebziger Jahre. Der Wohnungsbau mußte verdichtet werden, weil der Flächenraum, der noch besiedelt werden durfte, knapper geworden war. An der Ebertstraße entstand für knapp 250 Wohnungen die kostengünstige Variante der neunziger Jahre: Mit etwa 1800 bis 1900 Mark reinen Baukosten pro Quadratmeter Wohnfläche kann man dies behaupten.

Vorn an der Straße scheint der Querschlag zu den eleganten Wohnscheiben der Bauhäusler und ihrer Epigonen in den zwanziger Jahren gelungen zu sein. Wie etwa zu den Laubenganghäusern in der Hamburger Jarrestadt (Architekt: Karl Schneider). In Dortmund herrscht aber Putz statt Ziegel. Das hat stimmungsmäßig Vorteile, dann etwa, wenn es bei der Besichtigung stark regnet, aber dennoch der Gesamteindruck freundlich bleibt.

Es gibt hier obenliegende, durch Laubengänge erschlossene Maisonettewohnungen. Der Laubengang ist verglast und wird so zum Puffer gegen Straßenlärm. Außerdem verbessert die dort gesammelte warme Luft die Energiebilanz. 50 bis etwa 105 Quadratmeter sind die Wohnungen groß und mit vernünftigen Grundrissen ausgestattet, wie es der geförderte Wohnungsbau eben zuläßt. Die Kraft des Projekts liegt aber vor allem in dem, was man heute so schön ‚Wohnumfeld‘ nennt. Diese Definition ist allerdings unscharf, denn genau dort wird im Sommer gelebt, dort spielen die Kinder, dort feiern die Erwachsenen. Dieses Wohnumfeld wird sichtbar, wenn man durch die schmalen Passagen und Durchgänge ins ‚Hinterland‘ vordringt. Dort verläuft parallel zum Vorderhaus ein Wohnweg: Inline-Scaters sind eingeladen, Autos ausgeschlossen. Die unteren Wohnungen des Riegels besitzen hier ihren Minigarten, kleine Holzhütten und den eigenen Briefkasten. Plötzlich ist der alte kleinteilige Ruhrgebietsmaßstab wieder gegenwärtig.

Der Blick auf die andere Wegseite macht das ‚Glück‘ perfekt. Ein ein- bis zweigeschossiger Haus-Teppich wird sichtbar, der von schmalen Stichwegen und ‚Gartenzimmern‘ durchdrungen wird. Weiße Wände, grüne Dächer. ‚Eigenheime‘ als Sozialmietwohnungen in Holzbauweise, die zwischen 8,50 und 10,50 Mark pro Quadratmeter Miete kosten. Kinderfreundlich und dazu noch niedrigenergetisch angelegt. Als sichtbares Vereinszeichen haben sich die IBA-Wohnbauprojekte Versickerung- und Regenwasserrückhaltkonzepte ausgedacht – so auch hier.

Die Architektursprache ist modern; alpenländisch modern mit leicht geneigten Dächern, denn der Architekt ist der Grazer Hubert Riess (Freiraumplanung: Pesch und Partner). Steiermärker sind bekannt für gute Wohnkonzepte, akkurate Details und eine schroffe weiße Muralität. Hier ist alles ein bißchen an Dortmund angepaßt, aber immer noch erkennbar andersartig. Das wäre wohl schon in den fünfziger Jahren eine gute Lösung gewesen: klare Modernität, gemischt mit der gediegenen Maßstäblichkeit einer Kolonie Teutoburgia.

Womit dann doch noch eine gewisse Verwandtschaft zu den Siedlungsurtypen bewiesen wäre. Allerdings ist diese ‚Insel‘ hinter ein hohes Schutzschild verlegt worden, das die notwendige Zäsur zwischen der lauten Großstadt und dem Wohnquartier markiert. Dort aber wird der Gemein-schaftsgedanke groß geschrieben, sogenannte Gemeinschaftswohnungen für gemeinschaftliche Nutzungen sind ausgewiesen, der gebildete Mieterrat hat etwas Basisautokratisches wie früher die Vereinsvorstände in den Kleingärten. In der Anfangsphase wird es noch notwendig sein, daß Helfer von außen, wie die WohnBundBeratung NRW, Impulse setzen und Themen definieren. Denn es ist heute immer noch nicht selbstverständlich, daß Mieter sich in der ökologischen und energiebewußten Architektur ihrer Häuser adäquat genug verhalten können. Heizen und Lüften will gelernt sein. Genauso wie die richtige Nutzung der Gemeinschaftsräume und deren Verwaltung und Bewirtschaftung. Von Aktionen über Hausaufgabenhilfe, gemeinsames Frühstück bis zum Werken unter Anleitung ist letztlich alles möglich.

In schwierigen Zeiten, wenn einerseits hohe Erwerbslosigkeit herrscht und andererseits traditionelle Auffangnetze wie Klein- und Großfamilie nicht mehr richtig funktionieren, könnte ich mir vorstellen, daß ein Zusammenhalt der Bewohner in solchen Siedlungen zum Ersatzangebot wird.

Auf dem Wege zum metropolitanen Leben: Wohnen und Arbeiten im Depot Immermannstraße, Dortmund
Der Spaziergang durch diese ausgesuchten vier IBA-Wohnprojekte führt von der CEAG-Siedlung nur um drei Straßenecken zur benachbarten Immermannstraße, und dennoch in eine ganz andere Welt. Dort steht ein altes Straßenbahndepot aus dem Jahre 1907. Jetzt steht dort nur noch die ehemalige Hauptwerkstatt mit Nebengebäuden aus den Jahren 1915/1916. Sie stammt aus einer Zeit, die sich leisten wollte, sogar Straßenbahndepots mit der

Depot – Zentrum für Handwerk
und Kultur in den ehemaligen
Straßenbahnhauptwerkstätten
der Dortmunder Stadtwerke
Foto: Brenner

stolzen Geste eines Staatsgebäudes auszustatten. Zwei prächtige giebelständige und mit Satteldächern gedeckte Baukörper nehmen einen nach hinten versetzten Querriegel in die Mitte. Es entsteht ein repräsentativer Ehrenhof. Die beinahe mondäne Mischung aus Ziegel und Natursteinschmuck und eine seltene Stahlkonstruktion für eine überdachte Schiebebühne leisten ihr übriges, um den Erhalt zu rechtfertigen. Eine benachbarte Wagenhalle aus den sechziger Jahren durfte hingegen abgerissen werden.

Das etwa 2,5 Hektar große Grundstück, das 1995 zum Wettbewerb ausgeschrieben wurde und wie das CEAG-Gelände mitten im Dortmunder Leben liegt, entpuppt sich bei näherer Betrachtung als Miniaturausgabe der gesamten übergeordneten IBA-Problematik, denn hier geht es um Umnutzung von Industrie- oder Verkehrsbaudenkmälern, um Wohnungsbau sowie ökologisch sinnvollen Umgang mit belasteten Flächen und deren Anbindung an bestehendes Stadtgrün, wie den anschließenden Fredenbaum-Park.

Es entstand nun im weiteren Planungsverlauf eine in bezug auf den Veteranen Teutoburgia umgekehrte Situation. Die Übertageanlagen der Zeche Teutoburgia waren trotz kompletter Erhaltung bis in die achtziger Jahre mit Ausnahme des Fördergerüsts und einer Maschinenhalle abgeräumt worden, die Gartenstadt blieb erhalten. Hier ist es umgekehrt, der Wohnungsbau entsteht neu, in der erhaltenen Gewerbehalle wächst seit einigen Jahren ein Pflänzchen Nachnutzung, das durch den Verein Depot e.V. getragen wird. Wenn vor allem Künstler und Kunstprojekte die Anschubfunktion übernommen haben, dann erinnert das an den klassischen Gentrifizierungsprozeß, bei dem aus eigener Kraft

Stadtteile, die vor dem Umkippen stehen, aufgrund ihrer eigentlich städtebaulich interessanten Lage selbst den Wiederaufstieg schaffen. Bevor fremde Käufer einsteigen, sind dies meist Künstler, die improvisierend investieren und das noch vorhandene niedrige Mietkostenniveau nutzen.

Die Momentaufnahme in der ehemaligen Hauptwerkstatt der Dortmunder Stadtwerke im Herbst 1998 zeigt einen gigantischen Workshop mit einem künstlerisch-kreativen Marktplatz der Theaterleute, Maler oder Bildhauer sowie einen handwerklich-gewerblichen Übungsort für Profis oder angeheuerte ABM-Kräfte. Das, was dabei herauskommt, scheint manchmal so gnadenlos improvisiert wie ein Dritte-Welt-Squatter, ist aber auch genauso inspiriert und genial. In der Dynamik von Gruppenarbeit und dem Zwang, Geld zu sparen, entsteht ein Milieu, das nicht nur der gepearcten Generation gefällt, sondern auch jenen, die mit schwarzer Designerkluft und coolem Stahlgestühl die Dortmunder New Media People von morgen sind. Unter der Betreuung der Dortmunder Architekten ARCH.iDe Schneider, J. Kaulisch und mit einem Aufwand von 9.5 Mio. Mark entsteht eine im Preis angemessene Kulisse metropolitanen Daseins.

Von außen betrachtet hat das Depot ein Image, das genau zwischen zwei heute relevanten Polen steht. Einerseits dem (etwas zu neureichen) Remake alter Schiffsschraubenfabriken in Hamburg-Ottensen, wo die hanseatischen Medienleute ihre neue Dienstleisterheimat gefunden haben wollen („man hat ja Interesse für proletarische Traditionen") und andererseits der Kreativwundertüte eines Projektes wie der ‚Brewery' in Los Angeles, wo über 150 Künstler ihre Wohnateliers haben und für den neuen kreativen Bodensatz sorgen, den selbst eine Multimediahauptstadt wie L.A. braucht. „Leider", so der tiefe Stoßseufzer einer Künstlerin und die einhellige Meinung der Anrainer im Depot, „darf man hier nicht gleichzeitig wohnen!" Noch, möchte man in Anbetracht des weltweit zelebrierten Loft-Wohnens ausrufen!

Gewohnt wird gegenüber in Neubauten. Der Wohnungsbau ist freifinanziert, und das bedeutet in Dortmund, er muß aufgrund seines Mietpreises konkurrenzfähig, also überdurchschnittlich gut sein. Der Bauherr, die Dortmunder Stadtwerke, wollten dies weniger durch höhere Baukosten als durch die Auswahl des richtigen Architekten gesichert sehen. Unter den acht aufgeforderten Architekten befanden sich dann auch europäische Spitzenkönner wie Jourda et Perraudin (Frankreich), Klaus Kada (Österreich) oder Erick van Egeraat (Niederlande). Gewonnen hat dann das Büro Otto Steidle und Partner Peter Schmitz aus München/ Köln. Steidle ist seit Jahren durch seinen differenzierten und auf den Nutzer orientierten Wohnungsbau bekannt. Das heißt: gut zugängliche und klar definierte Terrassen oder Gärten, individuelle Erschließung der Etagenwohnung als sei es Eigentum. Ein Architekt, der nutzerorientiert denkt, aber niemals die städtebaulichen Aspekte vergißt, die eine Ansammlung von Wohnhäusern als geschlossene Siedlung qualifiziert. So lobte das Preisgericht im Wettbewerb dann auch entsprechend: „Die Architektur- und Gestaltungsqualität folgt dem Wohnbauprinzip des Einfachen einer geschlossenen städtebaulich markanten Siedlung bei gleichzeitiger Individualität und Prägnanz. Die schräggestellten Wintergärten, das Laubengangsystem und die Stege im Westen sind wichtige Gestaltungsmittel."[8]

Die fünf Zeilenbauten, in Süd-Nordrichtung (das ergibt eine optimale Ost-West-Lage der Maisonettewohnungen) haben zur alten Werkstatthalle markante Kopfhäuser erhalten. Es entsteht eine kleine Allee längs der Altbauten, in die die privaten Gartenzonen der Wohnhäuser münden: Privat, halböffentlich, öffentlich – auch hier sind generelle IBA-Ziele realisiert worden.

Die Wohnungen sind freifinanziert. Dies hatte zur Folge, daß Wohnungsgrundrisse und auch -aufrisse hier das durchschnittliche Maß verlassen können. Offene Küchen, hohe Lufträume und Unvermutetes, wie schwebende Podeste über einem Treppenhaus, die zum Standort von Grünpflanzen werden können – all dies zusammen mit der Nähe der Innenstadt oder der Nachbarschaft der Workshops des ‚Depots' sind für mich Ansätze einer Siedlungsform, die urban und großstädtisch zu nennen sind. Die Wohnungen, so hatte der Bauherr von Anfang an gemutmaßt, werden sich „der Konkurrenz zu privilegierten Wohnanlagen in anderen Stadtbezirken"[9] stellen müssen. Das heißt: Sie haben das Kraftfeld der üblichen Bergmannswohnung verlassen. Eine notwendige Folge und Tatsache des großen Strukturwandels. Sie haben aber trotzdem IBA-Imponderabilien wie das grüne Dach und eine Regenwasserrückhaltung beibehalten. Sie sind – was sicher in diesem Kontext besonders deutlich sichtbar wird – auch weiterhin reviertraditionell zu nennen. Dabei hat der direkte Bezug von der Arbeitswelt zur Wohnwelt möglicherweise in Zeiten der Dienstleistungsgesellschaft eine neue Qualität bekommen. Innovationsförderung ist eine der Aufgaben der IBA Emscher Park der Menschen, die in den mit ihrer Hilfe realisierten Siedlungen leben.

Siedlung Teutoburgia II und ein kleines Resümee
Von der Zukunft noch einmal zurück zu den Wurzeln, ins heute sehr gepflegte Ambiente der ehemaligen Zechensiedlung Teutoburgia. Großmutter würde ihre alten Häuser nicht wiedererkennen; auch ich glaube jetzt eher daran, in den Hamburger Elbvororten zu sein. 136 Gebäude mit 459 Wohnungen sind restauriert worden, die Fassaden in harmonischen Farben, in originaler Fenstersprossung wiedererstanden: ein großes Bekenntnis zur Tradition der Gartenstadt.

Wenn da nicht einige Anmerkungen zu machen wären. Teutoburgia hat einen Sonderstatus, ist sozusagen ein Weltkulturerbe im regionalen Maßstab, und leider wohl, was die äußere Erscheinung betrifft, ein Denkmal seiner selbst. Veränderungen sind aber auszumachen: Kinderspielzeug statt Kohlrabi in den Gärten, Harley Davidson statt DKW in den Schuppen. Das Inselgefühl ist allerdings noch intakt: „Fahnse ma Ihr'n Wag'n wech, de Bullen kommen hier schnell hin!"

Allerdings hat sich Teutoburgia erweitert. 15 Mieter einer 1986 abgerissenen Siedlung in Baukau durften sozusagen als ihre eigenen Bauherren ihr neues ‚Korte-Düppe' planen. Zusammenhalt und Gemeinschaft wurden also kollektiv verlegt. So ein bißchen verneigen sich die zweigeschossigen Häuser mit ihren mützenartigen Dächern vor den alten Nachbarn in Teutoburgia. Verglaste Treppenhäuser deuten es an: Konstruktive Möglichkeiten und Bedürfnisse haben sich ein wenig geändert.

Die Schachtanlage Teutoburgia ist verloren, doch sind jetzt Künstler eine Allianz mit der wieder wild wuchernden Vegetation eingegangen: Im erhaltenen ehemaligen Maschinenhaus arbeitet der Klangkünstler Christoph Schläger und entwickelt Maschinenmusik; der ‚Kunstwald' wurde zum eigenwilligen Skulpturenpark, deren ältestes Mitglied wiederum das Fördergerüst von Teutoburgia ist. Der letzte seiner Spezies in der ehemaligen Bergbaustadt Herne (alt).

Für mich ist Teutoburgia heute etwa das, was alte Grunewaldvillen für Berliner Architekten sind: der gute alte Geist, in dem es sich gut einrichten läßt; ein getreues Bild aus besseren Tagen (wobei das im Fall Teutoburgia ambivalent ist). Der Taktgeber für heutiges Wohnen sind sie nicht mehr, aufs Ruhrgebiet bezogen allerdings Ausgangspunkt für alles.

Betrachten wir die vier Siedlungsbeispiele, so ist aus dem Kreis dank Architekten wie Rolf Keller, Hubert Riess oder Otto Steidle eine produktive Spirale geworden – eine dynamische Bewegung mit Vorwärtsdrang.

Daß dies alles im konventionell denkenden Ruhrgebiet überhaupt möglich war, ist dem Nährboden einer eigenwilligen Bauausstellung zu verdanken. Wir werden sie nach ihrem Ende vermissen.

Kunstwald
Teutoburgia
Foto: Brenner

Anmerkungen

1 Stadt Haus Wohnung, Wohnungsbau der 90er Jahre in Berlin, Berlin 1995, S. 27
2 Liselotte Ungers, Die Suche nach einer neuen Wohnform, Stuttgart 1983, S. 11
3 Carl Debus, Arbeiterwohnwesen im rheinisch-westfälischen Industriebezirk, 1915 S. 11
4 A.a.O., S. 34
5 IBA-Projekte in Herne, 1998
6 Ebd.
7 Architektur & Wohnen 4/1980, S. 9ff
8 Dortmunder Stadtwerke Immermannstraße, Wettbewerbsdokumentation
9 Ebd.

Peter Zlonicky
Warum es Sinn macht, die Gartenstadt immer wieder neu zu erfinden

Die Erfindung der Gartenstadt hat den Siedlungsbau des 20. Jahrhunderts geprägt. Kein anderes Modell hat hundert Jahre lang Wohnungs- und Lebensreformer, industrielle und neuere Investoren, Initiativen und Architekturschulen immer wieder inspiriert. Und kaum ein anderes Modell wurde so unzulänglich rezipiert, in seinen Ambitionen verengt und so oft mißbraucht. Dies gilt nicht zuletzt für den gartenstädtischen Arbeitersiedlungsbau im Ruhrgebiet.

In seinen Qualitäten, aber auch in seinen Ambivalenzen wird das Gartenstadtmodell zum interessanten Lernobjekt. In der aktuellen Auseinandersetzung mit bestehenden und neuen Siedlungen muß die Gartenstadtidee neu reflektiert, die Gartenstadt immer wieder neu erfunden werden.

Am Anfang steht die Reduktion
Ebenezer Howard hatte eine einfache, große, ganzheitliche Idee. Seine Gartenstadt sollte unabhängig von der ihm unerträglich erscheinenden Großstadt London sein und so groß, daß alle gesellschaftlichen, kulturellen und sozialen Bedürfnisse in ihr befriedigt werden könnten. Mit ihren Arbeitsplätzen sollte sie auch ökonomische Unabhängigkeit bieten. Sie sollte mit modernen Verkehrsmitteln mit London und dem Netz neuer Gartenstädte verbunden sein. Vor allem aber sollten die Bewohner über ihre gemeinsamen Belange selbst entscheiden. Der Ausschluß von Privatbesitz sollte die zerstörerischen Wirkungen der Spekulation verhindern.

In Deutschland wurden keine eigenständigen Gartenstädte gebaut. Howards Idee wurde begeistert aufgenommen, dann auf das als machbar Erscheinende reduziert: Gartenvorstädte, schöne Siedlungen in der Stadtlandschaft, schöne Häuser mit Garten. Kulturelle und soziale Einrichtungen meist reduziert auf Gemeinschaftsräume und die gängige Grundversorgung. Orientierung auf das dominierende Werk in den Arbeitersiedlungen. Keine Unabhängigkeit, keine Selbstbestimmung der Bewohner.

Liegt nicht in der Reduktion auf die Siedlung auch eine Chance? Kleinere gartenstädtische Siedlungen sind auf Austausch angewiesen, unterliegen nicht dem lebensreformerischen Terror der großen Gartenstadt. Die einseitige Abhängigkeit vom Werk kann nun ersetzt werden durch vielfältige Verflechtungen mit anderen Arbeitsorten, auch durch eine Aufwertung der Eigenarbeit. Selbstbestimmung erscheint hier eher möglich als in patriarchalisch geordneten Lebensverhältnissen der Gartenstadt.

Der Mißbrauch hat viele Quellen
Die Gartenstadtidee erscheint in Deutschland vielen als Erlösung vom dräuenden Moloch Großstadt. Ein Übersetzungsfehler setzt den Akzent auf das ländliche Wohnen, Howard hatte durchaus städtische Verhältnisse im Sinn. Die seinerzeit latente deutsche Stadtfeindlichkeit machen sich andere Protagonisten zunutze. Theodor Fritsch, Mitglied des Vorstandes der Deutschen Gartenstadtgesellschaft, propagiert eine deutsche Gartenstadt zur ‚Aufzucht einer arischen Rasse‘ – und wird später aufmerksam von Hitler in Landsberg gelesen, im ‚Dritten Reich‘ werden ihm Denkmäler gesetzt. Die äußere Schön-

heit der Siedlungen, das Wohnen mit dem Garten, die Akzeptanz durch die Bewohner, die problemlose Vermarktung haben weiteres Nachdenken offenbar erübrigt.

Auch die Industrieherren konnten nicht an einer Übernahme des ganzheitlichen Modells interessiert sein. Krupp legte seinen Bewohnern friedliche Verhältnisse am heimischen Herd und den Verzicht auf politische Aktivität nahe.

Im Wissen um diese Schattenseiten der Gartenstadt sei gefragt: Kann man heute Siedlungen bauen und sie fröhlich-unschuldig ‚Gartenstadt' nennen?

Exkurs: Zum Entstehen der neuen Schüngelberg-Siedlung in Gelsenkirchen-Buer

Die schöne gartenstädtische Arbeitersiedlung von Johow konnte bis zu den zwanziger Jahren nur in einem ersten Abschnitt realisiert werden. Isoliert von der Stadt, eingeschuttet von den sie umgebenden Halden, verlassen von deutschen Bergarbeitern, Übergangsort für türkische Familien – die Siedlung stand jahrelang auf den Abbruchlisten. Der Rückgang der Kohleförderung und damit die Reduzierung der Haldenflächen machten einen Erhalt wieder möglich. Die Sicherung der Häuser, die Modernisierung mit Beteiligung der Bewohner, die

Neugestaltung der Gärten waren erste Schritte. Wie würde nun die mögliche Erweiterung dieses ersten Abschnitts aussehen können? Das war die Frage an die Teilnehmer eines kooperativen Wettbewerbsverfahrens.

Die Ausgangsprämisse der Internationalen Bauausstellung Emscher Park lautete: „Wenn die Siedlung in den zwanziger Jahren nach dem Plan von Johow zu Ende gebaut worden wäre, könnte sie eine der schönsten gartenstädtischen Arbeitersiedlungen im Ruhrgebiet sein. Die Bewohner wären zufrieden. Warum also nicht den Plan von Johow als Vorgabe nehmen? Die Architekten können die Wohnungen variieren, aber sie sollen das städtebauliche Konzept von 1919 übernehmen." Dieses Konzept sah konzentrische Bebauungsringe vor, die nun an den konzentrisch geschütteten Halden enden könnten. Für die Mitte war ein Fest- und Gedenkplatz vorgesehen.

Die Versuche der Architekten, den alten Grundriß aufzunehmen, scheiterten jedoch. Die Ringe der alten Gartenstadt hätten die neue Siedlung vollends isoliert und schier erwürgt. Mit seiner radikalen Abwendung vom überkommen Konzept und mit seiner Konzeption von Radialen, die über die Halden hinweg Verflechtungen mit der Stadt aufneh-

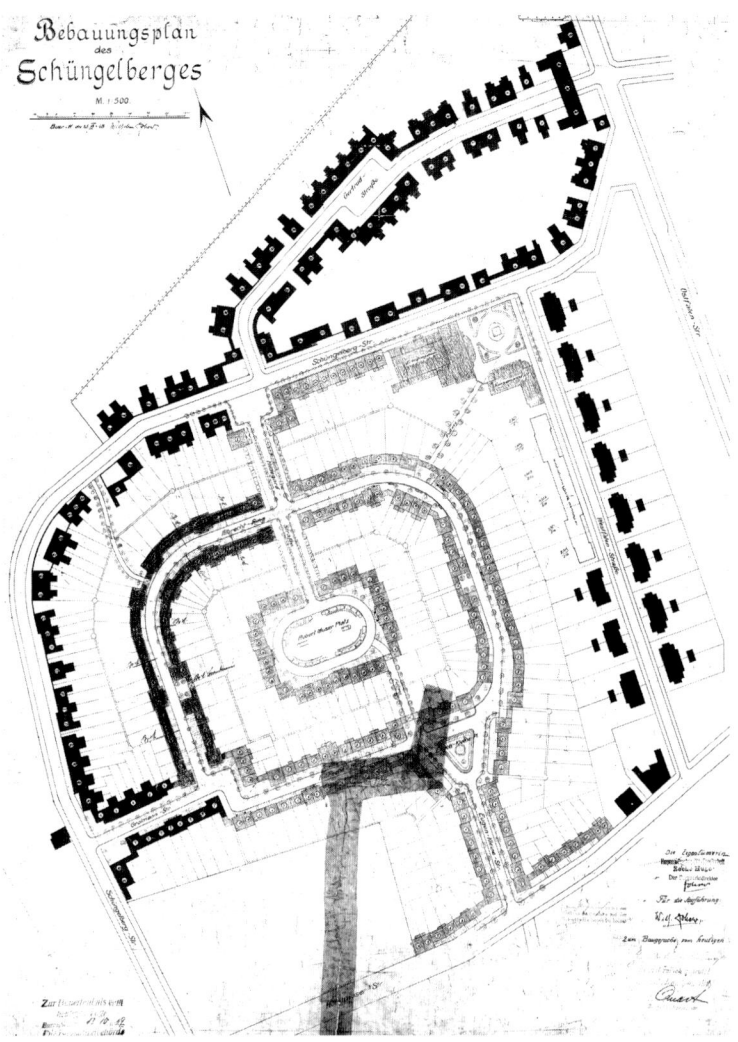

Bebauungsplan
des
Schüngelberges
M. 1:500

Das Siedlungskonzept von Wilhelm Johow für die Schüngelbergsiedlung aus dem Jahr 1919 ... (Archiv Stadt Gelsenkirchen)

men, hat der Architekt Rolf Keller ein neues Quartier gestaltet.

Die Abkehr vom tradierten Bild der Gartenstadt und die Neuinterpretation des Siedlungsbaus für Arbeiter haben die gartenstädtische Idee des Schüngelbergs gerettet.

Zur Neubewertung des Gartenstädtischen

Wenn wir Siedlungen erhalten, wenn wir sie weiterentwickeln oder neue gartenstädtische Quartiere bauen wollen, müssen wir ihre Qualitäten neu bestimmen.

Gartenstädtische Siedlungen sind wohnungswirtschaftlich interessant. Nach dem Rückzug der Montanindustrie sind sie meist im Besitz großer Gesellschaften. Zum Teil haben die neuen Besitzer – insbesondere in den achtziger Jahren – Siedlungen mustergültig modernisiert, zum Teil unter Hinnahme der Konsequenzen für die Identität der Siedlungen privatisiert. Heute steht eine Nachverdichtung des Bestands an. Die Aufwertung von Gartenland zu Bauland, die Nutzung der vorhandenen Erschlie-

ßung, die Neubauproduktion und die Modernisierung vor einer Privatisierung sind gewinnträchtig, nicht aber konfliktfrei zu haben. Ob Alt- oder Neubau: das schmückende Adjektiv ‚gartenstädtisch‘ hilft ungemein.

Gartenstädtische Siedlungen sind sozialpolitisch unverzichtbar. Hohe Wohnqualitäten bei maßvollen Wohnkosten, ein Reservoir an Wohnraum für Haushalte mit niedrigem Einkommen, Freiraum für Kinder, Jugendliche, Alte und Migranten, Gärten als Ausgleich für beengte Wohn- und Einkommensverhältnisse – Gebrauchsqualitäten von Anfang an. In der gelebten Kontinuität des Generationenwohnens schaffen sie zwar keine konfliktfreien, aber doch relativ friedliche Verhältnisse.

Gartenstädtische Siedlungen sind ökologisch maßstabbildend. Baubiologisch gute Materialien, Reparaturfreundlichkeit und Wiederverwendbarkeit zeichnen die Bauteile, kleinklimatisch günstige Verhältnisse und ein geringer Versiegelungsgrad die Freiräume aus. Selbst bei unzureichender Wärmedämmung und relativ großem Flächenverbrauch

... der Plan für die Schüngelbergsiedlung Ende der 90er Jahre (Freiraumplan Pesch und Partner sowie Rüdiger Brosk)

sind ihre ökologischen Qualitäten höher als die jedes ,ökologisch' daherkommenden Neubaus.

Gartenstädtische Siedlungen haben ästhetische Qualitäten. Schöne Straßen- und Platzräume, Alleen und Vorgärten wie auch Maßstäbe und Details der Häuser zeigen Qualitäten, die ein öffentliches Geschmacksniveau entwickelt haben. Merkwürdigerweise sind fast alle ästhethischen Qualitäten gartenstädtischer Siedlungen in den ersten Entwürfen von Raymond Unwin enthalten, die er – Howard kongenial – für die ersten englischen Gartenstädte entwickelt hat. Nicht zuletzt behindert dieses allgemeine Empfinden für ,schöne' Siedlungen die Akzeptanz von Neubauquartieren, die nicht den immer wieder repetierten Mustern von Raymond Unwins ersten Gartenstadtentwürfen folgen.

Gartenstädtische Siedlungen sind identitätsstiftend. Sie haben meist einen Namen, der die enge Zugehörigkeit zu einem Werk und – oft auch nach dem Verlust des Arbeitsplatzes – das Selbstverständnis der Bewohner bezeichnet. Diese Identität fördert eine Solidarität nach innen ebenso wie nach außen.

Gartenstädtische Siedlungen sind identitätsstiftend auch für das Ruhrgebiet: Festpunkte in der dispersen Siedlungsstruktur, Inseln der Ruhe, der Schönheit und eines wachsamen Friedens. Das nördliche Ruhrgebiet ohne gartenstädtische Siedlungen? Ein Niemandsland.

Ein Modell für das Nachhaltige?
Gartenstädtische Arbeitersiedlungen sind nicht ohne Einschränkungen als ,nachhaltig' zu bewerten. Ökologisches kommt bei Howard nicht vor, auch nicht bei den Städtebauern und Architekten der ersten deutschen Siedlungen – auch wenn sie mehr oder weniger bewußt ökologische Qualitäten wie den Freiraum in die Siedlungskonzeption einführen. Unter energetischen Aspekten sind traditionelle Siedlungen verbesserungsbedürftig. Sie sind allzusehr von externen Rahmenbedingungen und deren Veränderungen – Arbeitsplatzverlust, Besitzwechsel, Konzernstrategien – abhängig. Privatisierungen und Nachverdichtungen können den sozialen Frieden gefährden. Kulturelle Qualitäten sind in der Tradi-

37

tion verhaftet, selten offen für neue Entwicklungen. Manchmal überwiegt der Eindruck einer selbst gewählten Isolierung. Neue kulturelle Aktivitäten in den alten Werksanlagen werden angestoßen und nachgefragt von Initiativen, die nicht aus den Siedlungen kommen. In der latenten Gefährdung nachhaltiger Qualitäten einer Siedlung wächst die Bereitschaft der Bewohner, sich für den Erhalt ihres Lebensortes einzusetzen. Der Widerstand gegen Veränderungen prägt die alte Identität der Siedlung neu, die Offenheit auch für eine nachhaltige Weiterentwicklung kommt oft zu kurz.

Das alte gartenstädtische Siedlungsmodell ist erstaunlich robust, und in jedem Fall ist die Erhaltung einer solchen Siedlung ein stärkerer Beitrag zur Nachhaltigkeit als jeder Bau einer Siedlung mit Einfamilienhäusern, auch wenn sie als nachhaltig vermarktet werden. Wenn aber gartenstädtische Qualitäten erhalten werden sollen, muß das Modell weiterentwickelt werden.

Dafür steht Ebenezer Howard mit seinem vor hundert Jahren erschienenen Buch – viel zitiert, doch offensichtlich selten zu Ende gelesen. In den letzten Abschnitten von *Garden Cities – a Peaceful Path to Real Reform* bezeichnet er seine Gartenstädte als „working model" – als Modell, das ständig zu überprüfen und weiterzuentwickeln sei. In diesem Sinne kann es keine ‚richtige', keine fertige Gartenstadt geben, schon gar nicht ein Beharren auf formalen Lösungen, die vor hundert Jahren entwickelt und dann blind repetiert wurden. Die Gartenstadt muß immer wieder neu erfunden werden.

Vier Säulen der Gartenstadt heute

Die Gartenstadt ist bereits gebaut – und sie muß neu erfunden werden. Ein Widerspruch? Dazu gibt es zunächst vier Erklärungen. Zusammen bilden sie Anforderungen an ein tragfähiges Gartenstadtmodell.

1. Der Erhalt einer Siedlung macht ihre Weiterentwicklung notwendig. Wenn ‚alte' Bewohner bleiben, muß es Raum für ‚junge' geben. Nur so können soziale und kulturelle Einrichtungen erhalten und neu belebt werden. In gartenstädtischen Siedlungen

muß es ein Angebot an neuen Arbeitsplätzen – besonders für Frauen – geben. Neubau ist nicht kategorisch auszuschließen.

2. Freiraum ist nächst der Wohnung das höchste Gut einer Gartenstadt. Öffentliche und private Freiräume und sorgfältig differenzierte Übergangsräume machen den Charakter gartenstädtischer Siedlungen aus, sie machen ihre Gebrauchsqualitäten sichtbar. Daneben muß es unsichtbare Freiräume geben: Orte des Tätigseins, des sozialen oder kulturellen Engagements, der Akzeptanz auch des ungewohnt Neuen. Das Ruhrgebiet erscheint heute noch vielen als mythischer ‚melting pot‘. Soziale und kulturelle Akzeptanz, wo möglich Integration des Neuen fanden am Arbeitsplatz und in der Siedlung statt. Die Gartenstadt muß sich dieser Stärke immer wieder neu vergewissern.

3. Ökonomische Qualitäten zeigt die Siedlung im kostengünstigen Bauen, in Unterhalts- und Reparaturfreundlichkeit, in sozial tragbaren Wohnkosten. Kluge Reinvestitionen von Gewinnen oder Ausgleichs- und Ersatzmaßnahmen – dies vor allem im öffentlichen Bereich – müssen Selbstverständnis und Selbstverpflichtung von Eigentümern und Kommunen bleiben.

4. Nicht das fertige Produkt, sondern der Prozeß des Bauens, des Weiterentwickelns macht die Qualitäten der Siedlung aus. Nicht die Form der Gartenstadt ist wichtig, sondern die Identifikation der Bewohner, ihre Beteiligung am Zustandekommen. So gesehen kann eine neue Gartenstadt auch im innerstädtischen Bestand liegen oder im Umbau einer Großsiedlung der sechziger und siebziger Jahre entstehen. Im Prozeß können alte und neue Qualitäten der Siedlung konkretisiert, vereinbart und gestaltet werden.

In der Internationalen Bauausstellung Emscher Park wurden Positionspapiere und Qualitätsvereinbarungen für alte und neue gartenstädtische Siedlungen entwickelt. Auf diesen Grundlagen wurden Siedlungen erhalten und weitergebaut. Wer nach Beispielen für neue gartenstädtische Qualitäten sucht: In der Idee und der Realisierung der Projektfamilie ‚Einfach und selber bauen‘ sind sie zu finden.

Jörg Blume
**Eine neue Gartenstadt-Siedlung:
die Seseke-Aue in Kamen**

Bereits auf den ersten Blick unterscheidet sich die Siedlung Seseke-Aue in Kamen deutlich vom städtebaulichen Bild der Umgebung. Rote Ziegeldächer und pastellfarbene Fassaden schaffen eine freundliche, einladende Atmosphäre und heben sich angenehm von der in der Region üblichen, eher gräulichen Farbgebung ab. Zwischen langgestreckten Häuserzeilen öffnen sich üppig bepflanzte Gärten und parkähnliche Flächen. Keine Verkehrsstraße zerschneidet die Siedlung, die Häuser werden nur über Gehwege erschlossen. Es herrscht Ruhe, Motorengeräusche hört man nicht – eine ungewöhnliche Erfahrung in der einstigen Industrieregion. Wo andernorts Fahrzeuge parken, spielen Kinder in einem Sandkasten, plaudern Bewohner auf einer Gartenbank. Nur wer Möbel und schwere Güter zu transportieren hat, darf ausnahmsweise mit dem Auto über die Wege einfahren; ansonsten werden alle Fahrzeuge auf Parkplätzen am Rande der Gartenstadt abgestellt.

Der Architekt der Siedlung, Joachim Eble aus Tübingen, ist bekannt für humanökologischen, ganzheitlichen Vorstellungen verpflichtetes Planen. Biologische, soziale und psychische Aspekte gehen in seine Architektur ein. Eble fühlt sich verpflichtet, eine lebenswerte Wohnumwelt zu gestalten. In Kamen gewann er den Wettbewerb für die Gestaltung der Siedlung; sie liegt auf einem Gelände der ehemaligen Zeche Monopol in der Seseke-Aue. Der hier einst gelagerte Abraum des Bergbaus wurde vollständig abgetragen und neues Erdreich aufgebracht. Auf einer Fläche von etwa 10,5 Hektar hat der bekannteste deutsche Baubiologe für eine Investorengemeinschaft regionaler Wohnungs- und Bauträgerunternehmen eine Gartenstadt mit rund 260 Wohnungen errichten lassen, die ökologischen Anforderungen mehr als gerecht wird und von renommierten Kritikern bereits als ein Höhepunkt der Siedlungsarchitektur angesehen wird.

Bestehen die historischen Gartenstädte zumeist aus Einzelgebäuden, solitären Häusern, die sich entlang der Zufahrtsstraßen gruppieren, so sind es in der Seseke-Aue zumeist zwei- bis dreigeschossige Gebäudezeilen, nach Süden und Westen ausgerichtet, um die Wärme der Sonneneinstrahlung aufzufangen. Sie beherbergen 113 Miet- und 91 Eigentumswohnungen unterschiedlicher Größe. Daneben gibt es 63 Einfamilien-Reihenhäuser und 13 freistehende Einfamilienhäuser, die das Siedlungsgefüge auflockern. Mit diesem gemischten Angebot hatten die Planer eine sozial heterogene Struktur im Sinn.

In der Seseke-Aue wurde durchwegs nach ökologischen Kriterien gebaut. „Das wichtigste sind für mich die Baumaterialien", sagt der Architekt. „Sie sollen einerseits möglichst schadstofffrei sein, und andererseits atmungsaktiv. Holz oder Ziegel sind solche Baustoffe." Eble legt großen Wert auf Luftdurchlässigkeit, „denn wenn trotz aller Vorsicht

Leitidee Farbe
für die Siedlung
Seseke-Aue (Barbara
Eble-Graebener)

Schadstoffe in die Raumluft gelangen – etwa durch
einen Teppich oder Möbel –, können diese durch die
Wände diffundieren". Anstelle von Beton- hat Eble
Ziegeldecken gewählt und vielerorts auch nicht mit
chemischen Präparaten behandeltes Holz verwen-
det. Zur Wärmedämmung im Dachbereich wurden
Flocken aus Zellulose in die dafür vorgesehenen
Hohlräume eingeblasen. Um den Wärmeverlust zu
mindern, sind die Dächer nach Norden hin weit her-
untergezogen. Durch Maßnahmen wie diese gelang
es dem Architekten, im Energieverbrauch den
Standard von Niedrigenergiehäusern ohne Wärme-
dämm-Verbundsysteme einzuhalten.
Eble mißt den sozialen und psychischen Aspekten
ebenso große Bedeutung bei wie der Ökologie. Für
ihn gilt, „die Natur in uns und die Natur um uns
gleichwertig zu gestalten und zu berücksichtigen".
Eines seiner Vorbilder ist Hugo Kükelhaus (1900–

1984); der habe verlangt, daß beim Bauen die
Gestaltung ein Erfahrungs- und Entfaltungsfeld für
die Sinne werden müsse. „Unsere Sinnesorganisa-
tion ist dann zufrieden, wenn sie in einer feinen
Polarität stimuliert wird – zwischen Wärme und
Kühle, Licht und Schatten", sagt Eble. Diese Polarität möchte er auch in der Seseke-Aue erlebbar
machen. Eble, engagiert auch in der Arbeitsgemeinschaft Arzt und Architekt (Archimed), beschäftigt
sich sehr mit den Einflüssen der unbewußten Wahr-
nehmungen aus der Lebensumwelt: „Ein Kind, das
in den ersten Lebensjahren nie erfahren hat, wie es
ist, im Hochsommer im Schatten eines Baumes zu
verweilen oder, wie sich das Wasser eines Baches
in den Händen anfühlt, wird später eher zu psychischen Problemen neigen als Kinder, die diese
Natur-Erfahrungen gesammelt haben." Diese
Zusammenhänge, sie seien nicht ausreichend

bekannt, beeinflussen maßgeblich Ebles Planungen. Eine ziemlich breite Grün- und Wasserachse durchzieht die Siedlung vom Norden zum Süden. In einer nahezu natürlich anmutenden Kleinlandschaft fließt ein kleiner Bach durch ein Kies- und Felsbett in einen großen Teich – Teil eines ökologischen Wasserkreislaufs, den die Planer für die Gartenstadt ausgetüftelt haben: Regenwasser wird von den Dächern und Freiflächen aus oberflächig in Rinnen geleitet, die in Pflasterrinnen entlang der Siedlungswege münden, von wo es durch die öffentlichen Grünflächen in den Bachlauf und den Teich fließt. Dem Teich vorgelagert sind als kleinere Staustufen ein Absetzbereich für Schwebstoffe und ein mit Schilf bepflanztes Reinigungsbecken, in dem Schadstoffe durch Bakterien abgebaut werden. Mit Hilfe einer Solarpumpe wird das Wasser bei ausreichen-

der Sonnenstrahlung zu einer künstlichen Quelle im Norden des Geländes geführt, so daß auch bei schönem Wetter der Erlebnisraum ,Wasser' erhalten bleibt. Bei starkem Regen läuft das Wasser aus dem Teich in den Bachlauf der Seseke über. Hier, im Auebereich der Seseke, ist eine frei zugängliche Streuobstwiese angelegt worden.

Für den Architekten Eble ist die Natur wesentlicher Bestandteil der Siedlung. Deshalb hat er mit dem Landschaftsarchitekten Manfred Karsch bei der Auswahl der Vegetation großen Wert auf Vielfalt gelegt und standortspezifisch heimische Arten bevorzugt. Dort, wo die Bewohner ihre Gärten selbst gestalten können, ist das nicht immer der Fall. Mieter, die in höheren Geschossen wohnen, haben übrigens die Möglichkeit, kleine Gartenflächen im südlichen Teil des Grüngürtels zu pachten und zu

Städtebauliches und
Freiraumkonzept der Garten-
stadt-Siedlung Seseke-Aue
(Planung: Eble und Karsch)

bewirtschaften. Der aktive Grabelandverein ‚Grüne Aue' ist Ergebnis des hierdurch ausgelösten sozialen Impulses.

Das sympathische Erscheinungsbild der Siedlung wird insbesondere durch die Farbgestaltung der Fassaden geprägt (Barbara Eble-Graebner). Im Norden dominieren blau-gedämpfte Farben, die eine Distanz zur angrenzenden Bundesstraße schaffen. Die Südseiten der Gebäude sind in gelblichen Tönen gehalten, sie verstärken den Eindruck von Helligkeit und Wärme. Die kräftigsten Farben setzte Eble-Graebner zur Seseke hin, um den Farben der Natur zu antworten – in Anlehnung an die Lehre des Architekten Bruno Taut. Selbstverständlich wurden ausschließlich biologische Farben verarbeitet. Deren Farbpigmente besitzen die Eigenschaft, bei schlechtem Wetter noch stärker und anregender

zu wirken als bei Sonnenschein – ein wichtiger Ausgleichsfaktor in unserem Klima.

In die Siedlung integriert ist eine Kindertagesstätte, und den Bewohnern stehen Versammlungsräume zur Verfügung. Durch die zentrale Lage der Anlage innerhalb Kamens ist die Innenstadt zu Fuß erreichbar, so daß in direkter Nähe auch Einkaufsmöglichkeiten und Dienstleistungsangebote vorhanden sind. Die Gartenstadt ist überdies Bestandteil des Stadtentwicklungsprojekts ‚Freizeit-, Wohn- und Technologiepark Kamen'. Westlich der Gartenstadt wurde ein Technologiezentrum mit Gewerbegebiet entwickelt, das auf neue Ansiedler wartet.

Im Grünen und doch mitten in der Stadt zu wohnen und zu arbeiten ist die gartenstädtische Vision. Wie überall in der Region hat es auch hier das ‚neue Wohnen' leichter als die ‚neue Arbeit'.

Kunibert Wachten
Eine Chance für ‚richtige Standorte'?

Am Rande von Wien

Angeregt durch beeindruckende Fotos in Architektur-Gazetten, entwickelte sich die Neugier, die neuen Siedlungen des traditionsreichen Wiener Wohnungsbaus zu erkunden. Die ersten Besichtigungstouren an den Rand der Stadt zu den bekannten Siedlungen Wienerberg-Gründe, Traviatagasse, Othellogasse, Pilotenweg und Brünner Straße erzeugten schnell Begeisterung. Die stellte sich leicht ein – formal-ästhetische Qualitäten prägten den ersten Eindruck. Neu waren die Farbigkeit, die durchgängige sorgfältige Gestaltung, die Qualität der Materialien, die vergleichsweise hohe Dichte, die teilweise ungewöhnlichen Gebäudeformen und -typen. Das Neue, Ungewohnte und Schöne verstellt oftmals den Blick, der erst mit der Zeit frei wird, auch strukturelle Probleme zu erkennen.

So hat schon die zweite und dritte Tour an den Rand der Stadt die Mühsal des Weges dorthin deutlich werden lassen. Auch der Blick befreite sich allmählich vom Fokus aufs ‚Detail' und erfaßte zudem die Umgebung – Begeisterung wich Ernüchterung und Nachdenklichkeit.

Lassen sich neue Wohnsiedlungen, teils auf dem freien Acker, teils zwischen Gewerbehallen oder am Rand von Streusiedlungen aus Einfamilienhäusern gelegen, jemals städtebaulich einbinden? Lassen sich die städtebaulichen Versprechen – gute Anbindung an den öffentlichen Verkehr, ausreichende Versorgung mit den notwendigen öffentlichen und privaten Einrichtungen – tatsächlich einlösen? Stellt sich das vitale Siedlungsleben ein, das die urbane Haltung der städtebaulichen Struktur und Dichte in Aussicht stellt? Lassen sich die sozialpolitischen Ansprüche sozialer und ethnischer Integrationsprogramme an Standorten einlösen, die ohne Identität und in der Not sind, selbst je eingebunden zu werden?

Mitten im Ruhrgebiet

Ganz anders die innere Einstellung zu den Wohnungsbau-Projekten der Internationalen Bauausstellung Emscher Park. Nach ersten Besichtigungen stellte sich zuerst Ernüchterung ein. Einerseits lag dies an einer hohen Erwartungshaltung, die sich dem sicheren Gefühl verdankte, daß im Ruhrgebiet in der Zeit nach dem Zweiten Weltkrieg keine Siedlung gebaut wurde, die auch nur annähernd die Qualitäten der historischen Vorbilder in der Region würde erreichen können. So war die Hoffnung groß, daß im Rahmen der Internationalen Bauausstellung Emscher Park Siedlungen gartenstädtischen Typs von internationalem Rang entstehen würden. Andererseits entschlüsselten sich die Qualitäten erst im zweiten, dritten und vierten Gang. Denn architektonisch zeigten sie sich nicht spektakulärer als die bekannten neuen Siedlungen in Rotterdam, Den Haag, Hilversum, Kopenhagen, Basel, Wien, Graz, Paris oder Berlin. Die Besonderheiten sah man erst im Laufe der Zeit und nach intensiver Wahrnehmung – sie liegen in der Rücksicht auf den städtebaulichen Kontext und in der sozialen Leistungsfähigkeit.

Anders als die Wiener Siedlungen liegen sie *mitten-*

Die Küppersbusch-
Siedlung auf ehemaligem
Industriegelände im
Gelsenkirchener
Stadtteil Feldmark
Foto: Frank

drin, was geographisch gesehen noch keine Qualität ist, da aufgrund der Siedlungsstruktur des Ruhrgebiets fast alle Standorte mittendrin und doch ebenso draußen liegen. Entscheidend für die Qualität sind die vielfältigen Impulse auf die städtebauliche Nachbarschaft als Anstoß für eine integrierte Stadterneuerung, die vielen Anregungen für gemeinschaftliche Organisationsformen und das Nutzen des historischen und ökologischen Kapitals integrierter Standorte, die nur aufgrund der integrierten Lage ausgelöst werden können.

Trends

Die subjektiven Eindrücke lassen sich mit Ergebnissen fachlicher Untersuchungen und Erfahrungen im Alltag zur Deckung bringen. Trotz gegenteiliger Erkenntnisse orientiert man sich heute aber immer noch auf Wohnbauentwicklungen großen Umfangs am Stadtrand. Nach der Welle des Geschoßwohnungsbaus sind es jetzt Baugebiete überwiegend für Einfamilienhäuser unterschiedlichen Typs, die in den Randlagen der großen Städte entwickelt werden. Maßnahmen, mit denen man die Einkommensteuerzahler wieder an die Städte binden will, in denen sie arbeiten, ihre Freizeit verbringen

und ihren Kultur- und Bildungsinteressen nachgehen.

Diese Entwicklungen und Motive zeigen sich momentan in vielen deutschen Großstädten. Zugespitzt lassen sie sich beispielsweise in den Stadtstaaten ablesen. In Bremen wurde jüngst ein städtebaulicher Ideenwettbewerb für eine rund 240 ha große Fläche am Südostrand der Stadt durchgeführt. Knapp die Hälfte dieser Fläche ist für Einfamilienhäuser in der üblichen Bandbreite vorgesehen. Der Berliner Nordosten soll in ähnlicher Weise Standort für neue Wohngebiete werden. Unter dem Titel ‚Bauausstellung Berlin 1999' will man heutigen ökologischen Qualitätsstandards und den Berliner Qualitätsanforderungen an die Gestaltung des Stadtraums bei einer Bauaufgabe nachkommen, die dies üblicherweise nur schwerlich hergibt. Die Ziele und Motive sind eindeutig: Die Randwanderung soll innerhalb der Stadtgrenzen Berlins gebunden werden. Die siedlungsstrukturellen, ökonomischen, ökologischen und sozialen Folgen der Stadtentwicklung in die Region hinaus bleiben dabei zwar unverändert gegenüber den Entwicklungen außerhalb der Stadtgrenzen, aber ‚die Kasse stimmt'.

Nun sind sich die Verantwortlichen der Problematik dieser Entwicklungsstrategie bewußt und haben deshalb ein Begleitprogramm entwickelt, das auch für die Lagen am Rand der Stadt städtische Qualitäten gewährleisten soll. Verdichtetes Bauen von Einfamilienhäusern wird zum Programm. Ein „stabiles Gerüst gestalteter öffentlicher Räume" soll für die Verbindung der neuen Wohngebiete untereinander ebenso wie mit den Resten ehemaliger Dorfkerne sorgen. Das ‚Ungleichgewicht von Wohnen und Arbeiten' soll aufgehoben, die technische und soziale Infrastruktur sollen kontinuierlich verbessert werden. Nur so läßt sich eine Stadtentwicklungsstrategie rechtfertigen, die gerade von den Befürwortern des ‚Städtischen' immer wieder als Wurzel des Übels angesehen wurde und weiterhin angesehen wird.

Die Erfahrung lehrt, daß derartige ‚Begleitmaßnahmen' selten vollständig umgesetzt werden. Wohngebiete in isolierter Lage ohne ausreichende Einbindung in bestehende Gebiete benötigen jedoch in aller Regel die komplette Ausstattung und die Einlösung der in Aussicht gestellten komplementären Maßnahmen. Die städtebauliche, soziale und ökonomische Anfälligkeit des Unfertigen wächst mit der peripheren Lage und der Isolation. Das Unfertige verträgt keine Randlagen – Randlagen brauchen die Komplettheit, wenn auch eher aus eigenen als aus gesamtstädtischen Interessen. Nun könnten in der isolierten Randlage und im Unfertigen Chancen liegen – für Selbstorganisation, allmähliches ‚Ausreifen' und experimentelle Wohnformen.

Aber die Mehrzahl der heutigen Siedlungen und Wohngebiete ist wie in Stein gefaßte ‚Hausordnungen' geraten: keine individuellen Gestaltungsspielräume außerhalb der eigenen ‚vier Wände', mangelnde oder fehlende Offenheit der Bewohner gegenüber veränderten Organisationsformen, ohne Optionen für zusätzliche Nutzungen und Einrichtungen. ‚Ausreifezeiten' will man sich offensichtlich nicht zugestehen. Dies gilt für die sorgfältig bis ins kleinste Detail funktional durchdachte und architektonisch gut gestaltete Wohnsiedlung leider allzu oft ebenso wie für die Angebote der Bauträgergesellschaften, die aus Vermarktungs- und Vervielfältigungsgründen Fertigprodukte wie ‚Stangenware' auf den Markt bringen.

Quantitativ sind die Wohnungen, die Grundstücke, die Erschließung – die Wohngebiete eben – in jeder Hinsicht völlig ‚ausgereizt' und haben damit qualitativ keine Entwicklungsspielräume mehr. Spielräume brauchen Reserven, und Qualität braucht Zeit. So werden falsche stadtentwicklungspolitische Standorte zementiert, und auch die möglichen Vorzüge der Randlagen bleiben in der Regel unerkannt und ungenutzt.

Einsichten

In Wien beispielsweise wird seit etwa drei Jahren ein neuer Weg verfolgt. Davor gab es eine ausgeprägte Entwicklung neuer Wohngebiete am Rand der Stadt. Unter dem Motto ‚Wien wächst' wurden Wohnungsneubauleistungen in einem Umfang von jährlich 10 000 öffentlich geförderten Wohnungen in der gesamten Breite des Spektrums realisiert – von verdichteten Häusern im Eigentum bis zum Mietgeschoßwohnungsbau vornehmlich im ‚transdanubischen' Nordosten und Osten sowie im Süden der Stadt.

Die Stadt Wien, die seit der Jahrhundertwende mit 1,8 Millionen Einwohnern mehr oder weniger kontinuierliche Schrumpfungen hinnehmen mußte, konnte mit der Öffnung Osteuropas erstmals in diesem Jahrhundert einen Zuwachs an Einwohnern verzeichnen. Die mit Beginn der neunziger Jahre fast mit Euphorie registrierte Zunahme der Einwohnerzahl führte zusammen mit den auch andernorts bekannten Veränderungen der Haushaltsstrukturen und der gestiegenen Wohnfläche pro Kopf zu dem ermittelten Wohnungsbedarf.

Im Rahmen des Stadtentwicklungsplans 1994 – als Planwerk mit großer fachlicher Sorgfalt und Umsicht erarbeitet und politisch beschlossen –, waren die Vorzugsgebiete für den Wohnungsneubau Lagen im Einzugsbereich von Haltepunkten des schienengebundenen Nahverkehrs. Nach dem Stadtentwicklungsplan sollte dies zu einer Stärkung der gewachsenen fingerartigen Struktur führen, die im wesentlichen durch die historischen Landstraßen und die an ihnen orientierten Stadtteilzentren geprägt ist.

Das Gros der neuen Wohnbauten entstand jedoch zwischen den Fingern. So haben sich in der Realität eher ‚Schwimmhäute' entwickelt, die allerdings auch nur eine unzureichende Versorgung und Ausstattung erfahren konnten.

Trotz sorgfältiger Planungen blieben die städtebaulichen Entwicklungen eher fragmentarisch. So wurde aus der Realität Programm: Das Unverbundene, Insuläre und Isolierte wurde zur zeitgemäßen Struktur eines ‚städtebaulichen Patchworks‘ deklariert. Damit waren zwar die Planungsideologien zurechtgerückt, aber die Probleme der Isoliertheit, des fehlenden Siedlungslebens und der fehlenden Ausstattung und Eingebundenheit ungelöst.

Heute stagniert die Einwohnerentwicklung wieder, sie kehrt sich sogar um. Längerfristig rechnet man mit 1,6 bis 1,7 Millionen Menschen. Die jährlichen Zielvorgaben wurden mit 5 000 bis 6 000 Wohnungen inzwischen diesem Trend angepaßt.

Der nachlassende Druck auf die Mengenproduktion im öffentlich geförderten Wohnungsbau hat in den letzten Jahren eine Qualitätsdiskussion bewirkt. ‚Konkurrenz statt Zuteilung‘ lautet die politische Formel. Die Vergabe öffentlicher Fördermittel für den Wohnungsbau folgt nicht mehr dem Prinzip proportionierter Zuteilung an die großen Wohnungsbau- und Bauträgergesellschaften; statt dessen ist sie an die Einlösung von Qualitätsanforderungen in architektonisch-planerischer, ökonomischer und ökologischer Hinsicht gebunden.

Dies hat zu einer Verbesserung des Wohnungsbaus geführt, die sich allerdings nicht auf den ersten Blick einschätzen läßt. Die Grundrißgestaltungen folgen dem Prinzip der Nutzungsneutralität, die Herstellungs- und Finanzierungskosten sind um rund 15 Prozent gesenkt worden, was sich in der Höhe der Mieten niederschlägt. Die Vertrags- und Nutzerbedingungen orientieren sich an den Kriterien Überschaubarkeit, Nachvollziehbarkeit und Mieterfreundlichkeit. Die Gebäude müssen wenigstens Niedrigenergiehausstandard erreichen. Mit dem öffentlich geförderten Wohnungsbau sind zudem soziale und ethnische Integrationsprogramme verknüpft. Dies sind nur wenige Beispiele ‚unsichtbarer‘ Qualitätsverbesserungen.

In jüngster Zeit kommt hinzu, daß vorrangig Wohnungsbauprojekte auf integrierten Standorten gefördert werden, bei denen kein neuer Infrastrukturbedarf entsteht und vorhandene Einrichtungen sich besser auslasten lassen.

Neben dem stadtentwicklungsplanerisch effizienten Umgang mit den Standorten für den öffentlich geförderten Wohnungsbau hat die Nutzung kleinerer wie größerer integrierter Lagen auch den Effekt, daß der Wohnungsneubau als Strukturimpuls für die Stadterneuerung eingesetzt werden kann. So werden auch Neubaumaßnahmen kleinerer Größenordnung im öffentlich geförderten Wohnungsbau im Rahmen von Quartierserneuerungen und Blocksanierungen getroffen. Das Kriterium der ‚richtigen Standortwahl‘ gewinnt bei der Vergabe öffentlicher Fördermittel für den Wohnungsbau immer größere Bedeutung.

Diese Präferenz resultiert auch aus der Einsicht, daß sich ‚falsche Standorte‘ nicht durch spektakuläre, gazettenreife Bauten kompensieren lassen. Die zweite Einsicht, die zu dieser Neuorientierung im Wiener Wohnungsbau geführt hat, ist eigentlich ein ‚alter Hut‘: Die Vergabe öffentlicher Fördermittel wird als wirksames Instrument der Stadtentwicklung begriffen und kommt – insbesondere bei der derzeitigen budgetären Verknappung – im Konkurrenzprinzip vorrangig den architektonisch, ökologisch und ökonomisch überzeugendsten Projekten zugute.

Diese Ausrichtung macht in vielerlei Hinsicht Sinn. Denn was spricht eigentlich dafür, mit der Vergabe öffentlicher Fördermittel Entwicklungen in der Stadt zu forcieren, die programmatisch nicht gewollt sind und fachlichen Erkenntnissen und Einsichten zuwiderlaufen.

Hier läßt sich nun der ‚kleine Kreis‘ an thematischer Assoziation schließen: Denn die Internationale Bauausstellung Emscher Park war von Anfang an mit ihren Siedlungsneubauprojekten unterschiedlicher Größenordnung darauf orientiert, ausschließlich Projekte auf Binnenstandorten mit hohen Qualitätsstandards sozialer, ökonomischer und ökologischer Art zu fördern. Auf diesen stadtentwicklungspolitisch ‚richtigen‘ Standorten bedürfen die Wohnprojekte keiner aufwendigen Vorleistungen und lösen besondere Impulse auf die Nachbarschaft aus. Der kreative Umgang mit diesem Bündel an Qualitätsanforderungen zeigt in der Regel dann auch architektonisch-gestalterisch reizvolle Lösungen. Die Wohngebiete der Internationalen Bauausstellung Emscher Park sind dafür ein Beleg.

Jörg Blume
Virtuoses Wohnquartier
auf dem ehemaligen Küppersbuschgelände

Auf einem brachgefallenen Industriegelände der Firma Küppersbusch im Gelsenkirchener Stadtteil Feldmark gestaltete das Architektenpaar Michael Szyszkowitz und Karla Kowalski aus Graz ein virtuoses Wohnquartier. Zwei- bis viergeschossige Gebäude staffeln, schichten und verschachteln sich um einen linsenförmigen Platz. „Zukunftsweisende Architektur", meinen die einen. „Das städtebauliche Umfeld mißachtend", kritisieren die anderen.

Tatsächlich hebt sich die Anlage auffällig von der Umgebung ab, fügt sich mit den flachen Dächern und graublauen Fassaden kaum in das Stadtbild ein, das zur Küppersbuschstraße hin von drei- bis viergeschossigen Wohnhäusern aus den zwanziger und fünfziger Jahren geprägt ist.

Über die Grundrisse der Wohnungen sind einige Bewohner verärgert. Spitzwinkelige Räume etwa erregen manche Gemüter: „Unsere Schrankwand paßte nicht herein, die Wohnungen hier sind mehr als gewöhnungsbedürftig", schimpft eine Mieterin. Andere äußern sich hingegen sehr zufrieden, freuen sich über die architektonische Vielfalt. Insgesamt 262 Haushalte haben das Quartier bezogen – Eigentümer, Mieter, Singles, Familien, Senioren.

Es ist vor allem die skulpturale Formensprache der Architekten, die viele Besucher beeindruckt. Der Blick gleitet an gebogenen Häuserreihen entlang, springt über einen Vorbau ein Stockwerk höher, entdeckt eine spitz zulaufende Terrasse und gleitet über eine Rundtreppe wieder hinunter in einen Vorgarten. Jedes Haus scheint anders, jede Wohnung ein individuelles Gebilde zu sein. Ein dynamisches Spiel von Kurven und Wölbungen, Geraden und Ecken, Symmetrie und Asymmetrie, von Leichtigkeit und Festigkeit. „Aus der Stellung der Wohnungen und der Hauszeilen zueinander ergibt sich ein Mosaik aus kleinen und großen Nachbarschaften", sagt Michael Szyszkowitz. Das Ziel der Planung sei gewesen, einen Ort zu schaffen, der ein Gefühl von Beheimatetsein entstehen lasse. „Es kommt darauf an, die richtige Balance zwischen dem Gefühl sozialer Geborgenheit und persönlicher Freiheit zu finden", ergänzt Karla Kowalski.

Vor Ort zeigt sich eine ausgewogene soziale Mischung der Bewohner, die durch eine große Vielfalt an Wohnungstypen und unterschiedlichen Finanzierungsformen erzielt wurde. Es gibt separate Eingänge für alle Parteien, natürliches Licht in den Bädern, viele Dachterrassen, Balkone, Loggien und Lauben. Die Freiflächen sind offen gestaltet und laden zum Verweilen ein. Es dominiert das Grün – Szyszkowitz und Kowalski wollten die Flächenversiegelung auf ein Minimum begrenzen. Autostellplätze wurden geschickt plaziert und oftmals mit Vegetation umgeben, so daß sie das Gesamtbild kaum stören.

Architektur und Kunst vereinigen sich bei der ungewöhnlichen Lösung zum ökologischen Umgang mit Regenwasser: Abfließendes Regenwasser läuft von den teilweise begrünten Dächern in Rinnen, die als Aquädukt auf fünf Meter hohen Stützen die Siedlung durchqueren und zum zentralen Platz der Siedlung führen, wo das Wasser als kleiner Sturzbach in das Versickerungsareal im Zentrum der Siedlung plätschert. Unter der Grasnarbe des Terrains wurde eine Schicht Lavagranulat eingebracht, die das Wasser so versickern läßt, daß es auch bei starkem Regen nicht zu Überschwemmungen kommen kann. Mit Bäumen und Sitzstufen ist der Bereich zu einem attraktiven Platz geworden, der mit seiner eigenwilligen Form das Quartier verbindet und teilt. Er wird geschätzt, aber die Aquädukte sind in den Augen mancher Bewohner eine überflüssige Spielerei, die nur Kosten verursache.

Die „Linse" mit
hochgelegter Regenwasserführung
als grüne Mitte der
Küppersbuschsiedlung
Foto: Scholz

In der westlichen Spitze der Siedlung versteckt sich unter Bäumen und Erdhügeln eine besondere Einrichtung: eine integrative Kindertagesstätte, in der gesunde und behinderte Kinder aus dem Stadtteil gemeinsam betreut werden. Von außen mutet das Gebäude an wie eine Gruppe von Höhlenhäuschen. Nur wo sich die gewölbten Stahldächer aus den begrünten Dachflächen abheben, um von den Seiten Licht und Luft eindringen zu lassen, wird das Gebäude als solches überhaupt erkennbar. Die Kinder fühlen sich sichtlich wohl, denn diese Architektur vermittelt Geborgenheit, Wärme und Naturnähe.

„Unser vorrangiges Ziel war, in Angemessenheit zur Struktur der Region, der Stadt und des Stadtteils einen erinnerungsfähigen Ort zu schaffen", erläutern die Architekten. Dieses Ziel haben sie erreicht und es sowohl mit großen ökologischen Qualitäten zu verbinden als auch die historischen Aspekte feinfühlig einzubeziehen verstanden.

Die Industriegeschichte ist gegenwärtig in Feldmark. Südöstlich des neuen Wohnquartiers streckt sich das Fördergerüst des ehemaligen Schachts Oberschuir in den Himmel. Die Zeche, eine Nebenanlage des Bergwerks Consolidation, wurde in den Jahren 1908/1909 errichtet und beherbergt heute die Galerie Architektur und Arbeit. Als Relikt des Industriezeitalters steht sie symbolisch für die Geschichte des Stadtteils. Aufgrund ihrer beeindruckenden Jugendstilarchitektur wurde die Anlage insbesondere wegen der gut erhaltenen Maschinenhalle zum Industriedenkmal erklärt. Für Verwaltungszwecke wurde ein separater abstrakter Glaskubus errichtet. Entlang der nordöstlichen Flanke

des Wohnquartiers erstreckt sich der Güterbahnhof Gelsenkirchen-Schalke. Fünf bis sechs Meter hohe Wälle, die Szyszkowitz und Kowalski aus dem Abraummaterial modellieren ließen, schützen die Bewohner vor Lärm. Ihre in die Wohnsiedlung hinein ausbuchtenden Hügel sind bepflanzt und dienen als kleines Naherholungsgelände. Von den höheren Standpunkten aus stellt die Aussicht einen unverwechselbaren Bezug zur Umgebung her, genau so, wie sich die Architekten dies für die Identifikation der Bewohner mit ihrem Wohnumfeld gewünscht haben. Erlebbar ist der städtebauliche Zusammenhang des Quartiers mit den angrenzenden Stadtteilen Gelsenkirchens.

Feldmark entwickelte sich erst gegen Ende des 19. Jahrhunderts aus einer ehemaligen Agrarlandschaft heraus. Als im Jahre 1862 zwischen Gelsenkirchen- Schalke und Feldmark eine Trasse der Rheinischen Eisenbahn verlegt wurde, lockte das zahlreiche industrielle Betriebe, wie das Unternehmen Küppersbusch, in diesen Raum. In der Folge entstanden die ersten Arbeiterhäuser in der Feldmark.

Um den alten und neuen Stadtteil auch sozial zu vernetzen, gestalteten Szyszkowitz und Kowalski zur Küppersbuschstraße hin zwei öffentliche Plätze. An deren einem entwickelt sich ein kleiner Markt- und Dienstleistungsbereich. Es gibt bereits einen Gemüse- und Obstladen, eine Schneiderei und ein Stehcafé. Inzwischen ist ein Wochenmarkt hinzugekommen, der hoffentlich den nötigen Impuls zur Vermietung weiterer Geschäftsflächen geben wird. Keine leichte Aufgabe – denn auch dieser Stadtteil befindet sich im ‚Wandel ohne Wachstum'.

IBA'99 Finale

Siedlungskultur und Nachbarschaft

Eine Pyramide bauen!

Mitmach Ausstellung

Aktion

Gelsenkirchen Bismarck

Siedlerfest 12. Juni 1999

Evangelische Gesamtschule

Klaus Selle
Lernprozesse
Zwölf Vermutungen über die Entwicklung der Planungskultur

Wer Ziele und Arbeitsweisen der Internationalen Bauausstellung Emscher Park verstehen will, muß zurückblicken. Denn vieles von dem, was die IBA verfolgt, und die Art und Weise, wie sie dies beharrlich betrieben hat, war durchaus nicht neu. Vielmehr spricht manches dafür, daß hier Entwicklungslinien aufgegriffen und weiterentwickelt werden, die bereits vor einem Vierteljahrhundert begannen. Mit der damals einsetzenden Erneuerung des ‚Bestands‘ – als Alternative zu flächenhaftem Abriß und Neubau von Stadtteilen – wurden zugleich Lernprozesse in Gang gesetzt, die zu Veränderungen von Zielen und Verfahren der Planung führten.

Diese Überlegungen greife ich hier auf und skizziere einige der Lernschritte aus den siebziger und achtziger Jahren. Und weil mit dem Abschluß der Internationalen Bauausstellung Emscher Park im Jahr 1999 die Entwicklung der Planungskultur nicht aufhört, liegt die abschließende Frage nahe: Wie weiter?

Von der Bestandspflege zur nachhaltigen Entwicklung: Mit Beharrlichkeit die Abkehr vom ‚tabula-rasa-Denken‘ verfolgen

Die fünfziger und sechziger Jahre waren Jahre des Wachstums. 1973 zeigten sich – mit dem sogenannten Ölschock – erstmals unübersehbar die Grenzen des Wachstums. Kritik am bisherigen Wachstumsmodell wurde laut, ‚Lebensqualität‘ als Gegenbegriff in die Debatte geworfen. Einer der ersten, der damals Präzisierungen und programmatische Konsequenzen für die Stadtentwicklung forderte, war Karl Ganser. 1974 schrieb er in der *Stadtbauwelt*: „Zwar wird von Lebensqualität geredet. Bruttosozialnutzen statt Bruttosozialprodukt! Doch was bedeutet dies konkret?"

Diese Frage beantwortete er selbst unter anderem mit folgenden Forderungen: „Wer Qualität will, muß umverteilen wollen! Umverteilen bedeutet:

andere Prioritäten setzen, sektoral, regional, innerregional und sozial. Manche sagen selektive Wachstumssteuerung dazu. Die Richtungen sind vorgedacht: Sektorale Umverteilung im Bereich der Wirtschaft bedeutet Bevorzugung humaner und umweltverträglicher Technologien und Produkte, im öffentlichen Bereich Priorität für die soziale Infrastruktur, die Wohnungen und die Umweltverbesserung. [...] soziale Umverteilung stellt die Bedürfnisse der benachteiligten Gruppen der Gesellschaft in den Vordergrund der Politik." Verallgemeinernd folgert Ganser: „Der Gedanke der Bestandspflege, der Modernisierung und sorgsamen Nutzung des Bestehenden, des Haushaltens mit dem, was man hat, müßte also die Oberhand gewinnen." Er nannte das: Bestands-Wachstum statt Zuwachs-Wachstum. Lebensqualität sollte durch „Bestandsverbesserung" erreicht werden.

Manche der Formulierungen sind zeitgebunden, aber im Kern werden Positionen sichtbar, die heute nichts an Aktualität verloren haben. Unüberhörbar ist der Hinweis auf sozialen, ökologischen und ökonomischen Handlungsbedarf – womit die drei Dimensionen benannt sind, die sich heutzutage im ‚Suffizienzdreieck‘ zusammenfügen und den Strategien nachhaltiger Entwicklung Orientierung geben sollen. Was sind „sorgsame Nutzung des Bestehenden", „Haushalten mit dem, was man hat" anderes als ‚sparsamer Umgang mit Ressourcen‘, ‚endogene Entwicklung‘ und was der zeitgenössischen Begriffe mehr sind?

Unübersehbar sind die Bezüge zur praktischen Arbeit heute – etwa in den IBA-Projekten: Umbau des Bestehenden bei den Wiedernutzungsprojekten,

23. Oktober 1998:
1.000 IBA-Akteure
gemeinsam auf Reisen
in der Region – hier
in der Jahrhunderthalle
in Bochum ...
Foto: Vollmer

soziale Orientierung bei Modernisierung und Siedlungsneubau, Pflegekonzepte für altindustrielle Landschaftsräume, Mobilisierung vorhandener (administrativer) Strukturen ...

Unübersehbar ist aber auch, daß immer noch und immer wieder die Programmatik des schieren Zuwachs-Wachstums präsent ist. Globalisierung und ‚Standort Deutschland‘ sind heute die einschlägigen Beschwörungsformeln. In der Stadtentwicklungsdiskussion war die Wachstumskritik der Siebziger auch nur von begrenzter Reichweite. Mit jedem neuen (wirtschaftlichen) Wachstumsschub wurden die auf Umorientierung drängenden Stimmen übertönt. Zuletzt sagte man 1988/1989 den Schrumpfungsszenarien der mittleren achtziger Jahre Adieu und setzte in der ersten Hälfte der Neunziger mit großen (Stadterweiterungs-)Projekten alle Karten auf Expansion.

Was ist aus diesem Rückbezug auf die erste Phase der Bestandsorientierung zu lernen?

Erstens: Die Position der Bestandspflege (oder der nachhaltigen Entwicklung) war und ist eine *Gegenposition*. Sie steht, wird sie konkret, gegen durchsetzungsstarke Interessen und eingeübte Handlungsmuster. Sie muß, will sie wirksam werden, als Innovation in mehr oder minder ‚innovationsfeindliche‘ Milieus eingeführt werden.

Zweitens: Bestandsverbesserung bedeutet Abkehr vom ‚*tabula-rasa-Denken*‘. Ein städtebauliches Instrumentarium, das vorrangig auf die Neu-Produktion von Siedlungsstrukturen orientiert, ein Stadtumbau, der lokale bauliche, ökonomische und soziale Strukturen mißachtet, und eine Wohnungsbauförderung, die nur auf Mengen zielt, waren (und

sind) Ausdruck solcher Denk- und Handlungsweisen. Mit der Gegenposition werden die intelligente Nutzung des Vorhandenen, der nachhaltige Umgang mit Ressourcen bei allen Aspekten räumlicher Entwicklung – baulichen, ökonomischen, ökologischen und sozialen – gefordert. Es geht also bei der Bestandsverbesserung keinesfalls nur um Altbauerneuerung, sondern um eine grundsätzliche Orientierung für die Entwicklung von Quartieren, Städten und Regionen.

Drittens: Wer Neu-Orientierungen in diesem Sinne befördern will, muß einen *langen Atem* haben. Gebraucht wird eine Beharrlichkeit, die Grundpositionen durch die Zyklen der Planungs- und Politikmoden rettet.

Von der ortsfernen Politik zur Gestaltung aus der Nähe: Gemeinwesen erneuern, Politiken integrieren

Zweiter Rückblick: In Berlin-Kreuzberg war früh Kritik an der ‚Kahlschlagsanierung‘ laut und manifest geworden. Die Positionen der Verfechter einer anderen Stadterneuerung lesen sich wie Konkretisierungen der oben zitierten Positionen. Das gilt schon für die vom Kreuzberger Pfarrer Klaus Duntze (1969) propagierte Maxime „Sanierung muß ihre Kriterien aus der Gegend selbst gewinnen“. Auch die von der Altbauabteilung der Internationalen Bauausstellung (IBA) Berlin entwickelten und von den Kreuzberger Bezirksverordneten 1982 bzw. dem Berliner Abgeordnetenhaus 1983 beschlossenen *Grundsätze der behutsamen Stadterneuerung* verfolgen diese Linie weiter. Einige Auszüge aus den *Grundsätzen* sollen das illustrieren:

- Die Erneuerung muß an den Bedürfnissen der jetzigen Bewohner orientiert und mit ihnen geplant werden. Die Bausubstanz soll im Grundsatz erhalten bleiben.
- Grundlage der Stadterneuerung muß eine weitgehende Übereinstimmung sein zwischen Nutzern und denjenigen, die die Maßnahmen durchführen.
- Die im Wohnungsbestand angelegten Möglichkeiten zu neuen Wohnformen sollen behutsam ausgeschöpft werden.
- Die städtebauliche Situation ist durch wenige Abrisse, Begrünung im Blockinnern sowie die Gestaltung von Fassaden und Brandwänden kleinteilig zu verbessern.
- Die öffentlichen Einrichtungen müssen in bedarfsgerechter Weise erneuert und ergänzt werden.
- Die öffentlichen Räume sollen durch Instandsetzung und behutsame Veränderung die Benutzbarkeit und den Erlebnisgehalt des Gebiets verbessern.
- Für die Steuerung der Stadterneuerung ist die offene (öffentliche) Form der Entscheidungsfindung, die Stärkung der Betroffenenvertretungen und die Einrichtung von im Gebiet tagenden Entscheidungsgremien notwendig.
- Alle Chancen, neue Trägerformen zu entwickeln, sollen genutzt werden.

Kennzeichnend für die Praxis der Berliner ‚IBA alt‘ und die ‚einfache‘, ‚erhaltende‘, ‚behutsame‘ oder ‚sanfte‘ Stadterneuerung andernorts sind wiederum einige Merkmale, die Lernprozesse zwischen damals und heute verdeutlichen:

Viertens: Hardt-Waltherr Hämer forderte (nicht nur) für Kreuzberg die „*Planung aus der Nähe*“. Nur so können die Qualitäten des Bestandes entdeckt und angemessen bewertet werden. Während früher die Sanierungsvorbereitung in Mängelpunkten ihren Ausdruck fand – um den Abriß als technisch und ökonomisch zwingend zu rechtfertigen –, werden nun auch die Chancen und Potentiale in den Quartieren ermittelt. Das gilt für die Wohnungsgrundrisse ebenso wie für die Mischnutzung etc. Die Forderung, Planung auf den jeweils besonderen Ort zu beziehen, ist heute so aktuell wie vor 15 Jahren. Das gilt besonders dann, wenn damit mehr gemeint ist als das oberflächliche Aufgreifen einiger Gestaltmerkmale in Landschaft oder (umgebender) Bebauung.

Fünftens: „Planung aus der Nähe“ heißt aber auch: „Die stadträumlichen und baulichen Entscheidungen müssen mit den *lebensnahen sozialen Fragen* verknüpft werden: Versorgung mit bezahlbaren Wohnungen, Erhaltung und Verbesserung von Arbeitsplätzen, Ausstattung mit Schulen und Kindergärten und die Abstimmung der stadttechnischen Entwicklung.“ Diese Forderung nach „Integration“ wird später auf viele Aufgabenfelder übertragen. Getrennte Fachsichten, Ressorts und Handlungsfelder sollen zusammengeführt werden, um zu einer der Komplexität der Aufgaben gerecht werdenden Lösung zu führen. Das Problem: Alltagsbezug ist nur einfach aus der Sicht der diesen Alltag lebenden Menschen – aus der Sicht arbeitsteiliger Großstrukturen steckt in dieser Alltäglichkeit gerade die gewöhnlich schwer zu bewältigende Komplexität.

Daß diese Aufgabe zu bewältigen ist, zeigen unter anderem auch die Projekte der IBA Emscher Park, etwa im Siedlungsneubau. Städtebau, Architektur, Freiraum, ökologisches Bauen, Umgang mit (Regen-)Wasser, Nutzerbeteiligung, Bildung sozialer Netze etc. sind als Zusammenhang zu betrachten. Erst im Zusammenwirken dieser verschiedenen Gesichtspunkte entstehen die spezifischen Qualitäten der Siedlungen. Projekte wie Fürst Hardenberg in Dortmund, Schüngelberg in Gelsenkirchen illustrieren dies anschaulich.

Vom großen Plan zum kleinen Schritt: Organisationsformen und Arbeitsweisen verändern

Mit dem Stichwort „Planung aus der Nähe" wird nicht nur ein inhaltliches Verständnis propagiert, sondern gleichermaßen auf Arbeitsformen verwiesen. Das heißt:

Sechstens: Prozeß und Ergebnis, Inhalte und Arbeitsweisen hängen eng miteinander zusammen. Wer etwa die *Grundsätze der behutsamen Stadterneuerung* in Berlin-Kreuzberg Revue passieren läßt, erkennt bereits solche Zusammenhänge. Um ortsnah Bestand entwickeln zu können, ist ortsnahes Arbeiten notwendig. Wer den Bedürfnissen der Menschen vor Ort gerecht werden will, muß *mit ihnen* planen. Wer erfahren muß, daß Architekten und Handwerker den behutsamen Umgang mit der Substanz verlernt haben (und etwa Altbaugrundrisse kostentreibend den Schemata des Wohnungsneubaus anpaßten), muß Qualifizierungsangebote entwickeln. Wenn die vorhandenen Akteure in den Großstrukturen von Wohnungswirtschaft und lokalen Verwaltungen den Aufgaben nicht gerecht werden, müssen möglicherweise neue Organisationsformen geschaffen werden.

Auch hier sind die Bezüge zur aktuellen Situation sofort erkennbar; erweisen sich doch die Akteure in vielen Fällen zunächst als zu unbeweglich, um neue Aufgaben mit ihnen angehen zu können. Da verweigern sie sich einer ungewöhnlichen architektonischen Formensprache, halten Mieterbeteiligung für eine Zumutung, Niedrigenergiebauweise für ökono-

misch nicht ‚darstellbar', Regenwasserversickerung für ‚ökologischen Schnickschnack', verringertes Stellplatzangebot für ein Vermarktungshindernis und so weiter und so fort. Da liegt die Suche nach anderen Mitspielern nahe. Und in der Tat entstanden – damals in Berlin und später vielfach auch andernorts – neue (häufig zunächst intermediäre) Organisationen, die sich der neuen Aufgaben annahmen. Letztlich ist die IBA Emscher Park selbst ein Beispiel für solche Prozesse und Organisationen.

Auch Qualifizierungsangebote und gemeinsame Lernprozesse können Veränderungen bewirken. So zeigt sich im Bereich des ökologischen Bauens, daß neue Anforderungen und die damit verbundenen möglichen Qualitäten erst überzeugend propagiert werden müssen, um auf Akzeptanz zu stoßen.

In beiden – hier wieder nur beispielhaft genannten – Fällen ist also zunächst eine ‚Inkongruenz' von neuen Aufgabenstellungen und traditionellen Arbeitsweisen bzw. Organisationsformen zu konstatieren. Liegt beides zu sehr auseinander, müssen sich entweder die Bearbeitungs- und Organisationsformen ändern oder bleibt die Aufgabe ungelöst.

Wie sich die Arbeitsformen im Wechselspiel mit der Veränderung der Aufgaben entwickeln, wird schon mit der Entstehung neuer, kleinteiliger Planungsstrategien in den siebziger Jahren deutlich. Die Flächensanierungen in der inneren Stadt und die massiven Stadterweiterungen zeigen im Ergebnis, wie fehleranfällig solche Großprojekte sind. Statt des ‚großen Wurfs' scheinen Planungsprozesse in kleineren Schritten angemessener. Mit jedem Schritt werden neue Erfahrungen gemacht, kann gelernt werden, lassen sich Folgerungen für das weitere Vorgehen ziehen.

Wer sorgsam mit dem Bestehenden umgehen will, kann ohnehin nur in kleinen Schritten vorangehen. Während bei der Flächensanierung die Bausubstanz zerstört, die Bewohnerschaft vertrieben, die Eigentumsstrukturen aufgehoben und die Parzellen neu geschnitten wurden, vollzieht sich die erhaltende Erneuerung innerhalb vorhandener Strukturen – in baulicher, sozialer, eigentumsrechtlicher und ökonomischer Hinsicht.

Die Bezüge zur heutigen Situation springen ins Auge. Die IBA Emscher Park hat das schrittweise, dezentrale, auf Überzeugung bauende Planen zum Programm gemacht. Die Rede ist von „überschaubaren Etappen": „An unterschiedlichen Orten innerhalb einer Region werden verschiedene Projekte mit beispielhaften Lösungen entwickelt." (Ganser, Siebel, Sieverts).

Auch die Bevorzugung kleiner Einheiten im Wohnungsneubau, die Auffassung, daß man wohl einzelne Siedlungen – mit 40, 80, vielleicht 200 Wohnungen – sinnvoll planen und bauen könne, nicht aber Stadtteile mit 3 000 und mehr Wohnungen ‚in einem Wurf', bringen dieses Voranstreben in kleinen Schritten zum Ausdruck.

Damit ist eine weitere Entwicklungslinie deutlich geworden:

Siebtens: Um ‚fehlerfreundlich' planen zu können, Lernprozesse zu ermöglichen, den Besonderheiten der jeweiligen Ausgangssituation gerecht zu werden und den Prozeß für die Beteiligten überschaubar zu halten, ist *Planung in kleinen Schritten* notwendig.

Es handelt sich hier aber wiederum (und immer noch) lediglich um eine ‚Gegenströmung'. Denn das Denken in Kategorien des ‚großen Wurfs' erfreut sich vielerorts ungebrochener Beliebtheit – vom CentrO in Oberhausen über den Kronsberg in Hannover bis zum Potsdamer Platz in Berlin ...

Dem Verständnis von ‚tabula rasa' und ‚großem Wurf' korrespondierte das Bild von Stadterneuerung als einmaliger, klar umgrenzbarer Aufgabe. Im Wort ‚Sanierung' (= Heilung) kommt das deutlich zum Ausdruck. Durch einen einmaligen Eingriff, durch die Operation ‚Abriß und Neubau' soll der kranke Stadtkörper geheilt werden. Das hat sich als irrig erwiesen. Stadterneuerung ist vielmehr – mit einem Wort von Peter Zlonicky – „Daueraufgabe ohne Dauerlösung". Das gilt nicht nur für die Stadterneuerung.

Achtens: Die Entwicklung von Quartieren, Städten und Regionen ist – zumal unter dem Gebot der Nachhaltigkeit – tatsächlich eine *Daueraufgabe*. Möglicherweise besteht in Zukunft die Rolle der öffentlichen Akteure darin, Entwicklungsprozesse zu begleiten, die Stadt zu ‚warten' – hier durch aufmerksames Beobachten von Veränderungen, dort durch Rahmensetzung für marktvermittelte Prozesse und an anderer Stelle, etwa bei der Wiedernutzung von Brachen, bei Planung und Bau einer neuen Siedlung mit besonderen Qualitäten, bei der Entwicklung von Freiraumsystemen etc. durch unmittelbare, projektförmige Intervention.

Vom Planen zum Projektemachen: Innovationskoalitionen bilden, Neuerungen punktuell erproben

Mit dem Stichwort ‚Projekt' wird ein weiterer Aspekt benannt, der auf Entwicklungslinien und Lernprozesse in den letzten Jahrzehnten verweist. Traditio-

... auf der
Kokerei Zollverein
in Essen–Katernberg
Foto: Vollmer

nelle Pläne verloren ihren Glanz. Wer in der Realität etwas verändern wollte, widmete sich stärker Prozessen und konzentrierte seine Kräfte auf Projekte. Das wurde schon bei der Hinwendung zur Stadterneuerung in kleinen Schritten deutlich und fand auch in der IBA-Arbeit in Berlin seinen Ausdruck. Die „Altbau-IBA hat [...] nie viel Zeit in General-, Programm- und Rahmenpläne investiert, deren Vollzug sie nicht hätte beeinflussen können, sondern hat ihre Ziele immer im Einzelfall definiert, dort wo sie selbst prozeßbestimmend zugreifen konnte." (Wulf Eichstädt)
Ende der neunziger Jahre dominiert der „Einzelfall" vielfach die Politik in Städten und Regionen: dieses Investitionsvorhaben hier, jenes Neubauprojekt dort – Projekte von Developern, Wohnungsbauinvestoren etc.
Wenn bei der IBA Emscher Park von Projekten die Rede ist, dann sind damit Gemeinschaftsvorhaben gemeint, in denen öffentliche und private Akteure exemplarisch deutlich machen, welche neuen Qualitäten realisiert werden können. Hier geht es um eine Planung, die sich einmischt, die mit Projekten zu erreichen sucht, was mit Plänen allein nicht zu bewerkstelligen ist. Weit über hundert Projekte wurden in diesem Sinne während der zehn IBA-Jahre im Ruhrgebiet in Gang gesetzt.

In *dieser* Hinwendung zu Projekten kommen gleich mehrere Aspekte neuerer Planungskultur-Entwicklung zum Ausdruck.
Als Voraussetzung gemeinsam ist ihnen, daß öffentliche Planung mit ihrem traditionellen, nur rahmensetzenden Instrumentarium *allein* auf Realisierungsprozesse kaum einwirken kann. Das zeigte sich schon in den frühen Jahren der Bestandspolitik, wenn es etwa darum ging, Höfe in der gründerzeitlichen Blockstruktur umzugestalten. Hier versagte das klassische regulative Instrumentarium. Die Eigentümer mußten zur Mitwirkung gewonnen werden: durch Information, Überzeugung, finanzielle Anreize, Aushandlungen. Kooperation war gefordert.
Das gilt in ähnlicher Weise für die zügige Wiedernutzung von Brachen, für Veränderungen der Bewirtschaftungsformen in Freiräumen oder für das Schaffen neuer – sozialer, ökologischer, städtebaulicher – Qualitäten beim Siedlungsbau. Aus dieser Einsicht hat die IBA auf den ersten Blick irritierende Konsequenzen gezogen: „Planung durch Verzicht auf Planung, Reform durch Verzicht auf Reformen, Durchsetzung durch Verzicht auf Macht." Solche Paradoxa klingen befremdlich – aber genau dies ist ihr Zweck. Sieht man jedoch einmal davon ab, daß die Planung gar nicht soviel hat, auf das sie ‚ver-

... in der im
Bau befindlichen
Innenministerakademie
Mont Cenis in
Herne-Sodingen
Foto: Vollmer

zichten' könnte, dann werden mit den IBA-Paradoxa
lediglich einige Voraussetzungen für den Erfolg von
Planungsprozessen umrissen:

- Wer kooperieren will, muß auf die Attitüde der
  Macht verzichten. Das ist unabdingbar und unmittelbar einsichtig.
- Wer Innovationen durchsetzen will, wird dies am
  ehesten erreichen, wenn „man nicht zu einer
  totalen Reform von Ideologien oder Privilegien
  oder Interessensvertretungen oder Institutionen
  gezwungen ist". Mit dieser modernen Fassung der
  Popperschen Strategie der kleinen Schritte wird
  lediglich die Konsequenz aus den Fehlschlägen
  der vormals ‚überheblichen‘ Planung gezogen.
- Auf Planung zu ‚verzichten‘, mag zunächst irritie-
  ren. Selbstverständlich wird im Ruhrgebiet nicht
  auf Planung verzichtet. Es ist die IBA, die sich keine eigene Planungshoheit anmaßt. Ihre Absicht ist
  es vielmehr, vorhandene Planungs- und Handlo-
  lungskompetenzen zu mobilisieren, zu Innovationen anzuregen. Dies geschieht auf informellem
  Wege, neben und quer zu den vorhandenen
  Strukturen.

Es kann also festgehalten werden:
Neuntens: Mit den Projekten, von denen hier die
Rede ist, werden *Neuerungen nicht in übergreifenden
Plänen und Programmen, sondern punktuell* ange-
strebt. Wesentliche Merkmale sind zudem:

- Projekte bauen auf *Kooperation*. Es gilt, „Innovationskoalitionen gegen Routinekartelle" (Klaus
  Novy) zu bilden, um handlungsfähig zu werden.
  Kommunikation, informelle Verfahren, Überzeu-
  gungs- und Qualifikationsarbeit spielen also eine
  wesentliche Rolle.

- In den Projekten werden – im Sinne des oben
  skizzierten Alltagsbezugs – verschiedene *Politiken*
  (Städtebau, Wohnungsbau, Kultur- und Sozial-
  politik etc.) *vor Ort integriert.*

Zehntens: Erfolgreich kann ein solches Vorgehen
aber nur sein, wenn nicht mehr nur Pläne geschmiedet werden. Projektorientierung heißt also
auch, die *Vorhaben bis in die Realisierungs-, wo
nötig sogar bis in die Nutzungsphase aktiv zu begleiten.* Das gilt etwa für neue Siedlungen, bei denen
ökologisch bewußtes Verhalten von Nutzerinnen
und Nutzern erwartet wird oder in denen die Bildung sozialer Netze gefördert werden soll. Planung
weitet hier ihre Einflußsphären aus, beteiligt sich
an der Projektentwicklung.

**Vom Plan zum Lernen in offenen Prozessen.
Weiterentwicklungen möglich machen:
nicht abwärts – vorwärts**

Als vor 20, 25 Jahren die Strategie der ‚Stadterneuerung in kleinen Schritten‘ entwickelt wurde, schloß
dies unter anderem die Erkenntnis ein, das planerische Instrumentarium neuen Erfordernissen anzupassen. Das Verfahren hat sich, wie Hämer sagte,
„dem Prozeß der Erneuerung anzupassen, nicht umgekehrt". Daraus folgte unter anderem auch, daß
Pläne flexibel und „offen" sein müssen, um Erfahrungen aus ersten Umsetzungsschritten, die (uner-
wartete) Verfügbarkeit von Grundstücken, Veränderungen der Förderbedingungen usw. verarbeiten zu
können. Ein einmal entwickeltes (Rahmen-)Kon-
zept mußte nicht nur anpassungsfähig sein, es kann
auch weiterentwickelt werden und damit ganz neue
Qualitäten erreichen.

Ganz ähnlich die Erfahrungen ein Vierteljahrhundert später: „Der administrative Plan ist seinem Wesen nach statisch. Die Wirklichkeit allerdings ist es nicht." Daraus folgert Karl Ganser: „Man muß Prozesse gestalten, deren Ausgang man nicht kennt."

Elemente dieser Prozesse bei der IBA Emscher Park sind:

- *Projektaufrufe.* Zu den Leitprojekten, in denen programmatische Orientierungen formuliert wurden, fanden gleichsam ‚Ausschreibungen' statt. Wer in der Region glaubte, mit einem Projekt zur Konkretisierung der Leitideen beitragen zu können, bewarb sich. So wurden lokale Potentiale entdeckt oder mobilisiert.
- *Planung in Alternativen.* Konkurrenz belebt die Ideenproduktion. In diesem Sinne sind Wettbewerbe zentrales Element der Konzeptfindung.
- *Qualifizierung im Prozeß.* Bei der Formulierung der Leitprojekte, der Vorbereitung einzelner Wettbewerbe und im weiteren Prozeß spielen immer wieder (externe) Experten, die Perspektiven und Konzepte entwickeln, Machbarkeitsstudien erarbeiten usw., eine wesentliche Rolle. Erst so wird die Blockade des Gewohnten gesprengt und deutlicher, was wünschbar und möglich wäre.
- *Bildung projektbegleitender Arbeitskreise.* Schon vor der Ausschreibung der Wettbewerbe ist es wichtig, daß sich alle an der Realisierung eines Projekts Beteiligten zusammenfinden, um gemeinsam die Arbeitsgrundlagen festzulegen. Hier müssen die „Innovationskoalitionen" geschmiedet werden, von denen schon die Rede war. Diese

Projektgespräche, Arbeitskreise, Runden Tische (und was der Bezeichnungen mehr sind) werden in der Folgezeit – in der Regel über mehrere Jahre – projektbegleitend fortgesetzt. Wesentlich dabei ist ein hohes Maß an personeller Kontinuität, denn nur so können die im weiteren Projektverlauf notwendigen Lernprozesse stattfinden.
- *Nutzerbeteiligung.* Insbesondere bei den Wohnprojekten der IBA spielt die Beteiligung der Nutzerinnen und Nutzer eine wesentliche Rolle. Aus dieser gemeinsamen Arbeit können Impulse für die Weiterentwicklung der Konzepte ebenso entstehen wie lokale Eigeninitiativen (etwa Siedlervereine).
- *Fortschreibung.* Die Beteiligten begleiten das Projekt in der Folgezeit durch die Höhen und Tiefen des weiteren Prozesses. Dabei gibt es Zwischenschritte (Qualitätsvereinbarungen, Aufstellung von möglichst ‚offenen' Bebauungsplänen). Entscheidend ist aber, neue Chancen, das Projekt im Sinne der grundlegenden Zielsetzungen weiterzuentwickeln, stets aufgreifen zu können.

Das heißt:

Elftens: Projektentwicklung ist ein *offener Prozeß* – offen für Ideen, lokale Potentiale, Akteure, die zur Realisierung des Projekts beitragen können, Verarbeitung von unvorhersehbaren Änderungen (der Rahmenbedingungen) etc.

Ein solches Verständnis bricht radikal mit dem klassischen Dreischritt ‚Zielformulierung – Planaufstellung – Umsetzung'. Das Problem dieses Vorgehens: Wer am Anfang eines Prozesses – gleichsam abschließend – Inhalte und Qualitäten definiert und meint, sie in Plänen ‚festschreiben' und durch Kontrollen gewährleisten zu können, läßt keine Entwicklungen zu. Mißlicher noch: Es werden nur noch ‚Verluste' auftreten, die aus Reibungen des Vorgegebenem an den (sich verändernden) Realitäten resultieren und die die Planverfasser als ‚Niederlagen' erleben: Es geht abwärts, vieles wird anders als gewollt.

In allen Projekten finden laufend Entwicklungen größerer und kleinerer Art statt – und zwar nach allen Seiten, positiv wie negativ. Bleibt der Prozeß offen für diese Entwicklungen, so ist es möglich, nicht nur Verluste zu erleiden, sondern auch neue Qualitäten zu entdecken und hinzuzugewinnen. Die Stadterneuerung in kleinen Schritten bietet dafür ebenso zahlreiche Belege wie die Projekte der Bauausstellungen in Berlin-Kreuzberg und an der Emscher. Daraus folgt:

Zwölftens: Erforderlich ist die Parallelität von Zielfindung, Planformulierung und Umsetzung. Der Prozeß bedarf über die ganze Länge der Gestaltung; nur so ist es möglich, Konzepte ‚nach oben' zu entwickeln oder doch zumindest gegen Verluste auch neuen Gewinn zu setzen. Gemeinsam Lernen: statt abwärts – vorwärts.

Und weiter? Planungskultur als Prozeß

Die IBA Emscher Park griff mit ihrem Planungsverständnis Entwicklungslinien auf und entwickelte sie weiter. Ursprünge sind vor allem im Beginn der Bestandspflege zu finden, in der Umorientierung vom ‚tabula-rasa-Denken' zum Orts- und Ressourcenbezug. Strategien, die in den Gründerzeitgebieten entstanden, beweisen nun auch ihre Tauglichkeit in neuen Wohngebieten – und darüber hinaus für viele Aufgaben der Entwicklung von Quartieren, Städten und Regionen. Das gilt für die Inhalte und Ziele ebenso wie für die Verfahren und insbesondere für die Verknüpfung von beidem – die Einsicht, daß Innovationen erst durch veränderte Prozesse möglich werden.

Wie wird sich diese Planungskultur weiterentwickeln? Dazu einige abschließende Vermutungen.

Zunächst ist daran zu erinnern, daß die Forderung ‚Bestands-Zuwachs statt Zuwachs-Wachstum' eine Gegenposition war. Das blieb auch so bei ihren Weiterentwicklungen. Sorgsame Nutzung des Bestehenden, Planung aus der Nähe und integrierte Politik sind immer noch Positionen, die – ihrer Formelhaftigkeit entkleidet und konkret gemacht – zumeist gegen starke widerstreitende Interessen stehen. Für große Teile der Wohnungswirtschaft ist – um nur ein Beispiel zu nennen – die Orientierung am ‚shareholder-value' heute ein durchaus stärkerer Wert als nachhaltige Entwicklung.

Zugleich aber sind Aufgaben absehbar, die – wie seinerzeit in der Stadterneuerung und 1988 bei der regionalen Strukturpolitik – ein Aufgreifen und Weiterentwickeln der hier beschriebenen Arbeitsformen nahelegen: Im Wohnungsbau etwa ist endgültig die Zeit der Mengenproduktion vorbei. Wie also ist der Bestand sorgsam zu nutzen, wie sind dringend benötigte, wohnortnahe soziale Dienste zu entwickeln, wie soziale Integrationsleistungen vor Ort zu organisieren?

Damit soll es sein Bewenden haben, um nicht von Brachen, benachteiligten Quartieren, Freiraumsystemen etc. zu reden. Hier wie in vielen anderen Bereichen gilt: Sinnvolle Lösungen für diese Aufgaben bedürfen der Planung aus der Nähe, projektförmiger und integrierter Vorgehensweisen, kontinuierlicher, auf Kommunikation gestützter Lernprozesse etc.

Die Entwicklung wird demzufolge wie bisher spannungsreich sein. Neben der raschen Grundstücksverwertung, dem Großprojekt, der gedankenlosen Wohngebietsausweisung wird es auch Ansätze geben, die der ‚sorgsamen' Entwicklung verpflichtet sind.

Es ist also durchaus nicht so, daß die hier beschriebenen planungskulturellen Entwicklungen nur unter IBA-Sonderbedingungen – Stichwort ‚Festivalisierung' – gedeihen. Gelegentlich wird derlei vermutet, um dann folgern zu können: Was hier geschaffen werde, sei auf die Normalität andernorts wohl kaum übertragbar. Aber das ist falsch. Und zwar bereits im Ansatz.

Die hier beschriebenen Entwicklungen fanden eben nicht nur auf ‚IBA-Inseln' statt. Das gilt für die frühen Phasen der Stadterneuerung in kleinen Schritten – die wurde in Hamburg-Ottensen, München-Haidhausen, Nürnberg-Gostenhof, Hannover-Linden, Wuppertal-Elberfeld und vielerorts sonst praktiziert.

Und das gilt auch für qualitätsvolle Entwicklung neuer Siedlungen: Im Freiburger Rieselfeld, in Tübingens ‚Französischem Viertel', in Ingolstadt, Kempten, Rüsselsheim und anderswo finden sich Projekte, die Verwandtschaften zu denen der IBA aufweisen. Dort gibt es ähnliche Ziele, und dort wird auch mit Runden Tischen, projektbegleitenden Arbeitskreisen, offenen Prozessen und ‚lernender Planung' experimentiert.

Die Internationalen Bauausstellungen in Berlin und an der Emscher sind also keine singulären Ereignisse. Sie funktionieren eher wie Brenngläser, spitzen Entwicklungen zu, haben Vorbild- und Anstoßfunktion und tragen so zu Lernprozessen und damit zur Weiterentwicklung der Planungskultur bei.

Anmerkungen

Ich danke Henry Beierlorzer und Joachim Boll (IBA) sowie Wolfram Schneider (Stadt Gelsenkirchen) für ein ausführliches Gespräch, in dem wir am Beispiel der Schüngelberg-Siedlung einige Aspekte des ‚Lernens im Bestand' erörtern konnten.

Statt exakter Nachweise sei nachfolgend die vor allem verwendete Literatur genannt:

- Alle Zitate zur Internationalen Bauausstellung (IBA) Berlin (Hämer, Eichstädt) aus: Internationale Bauausstellung Berlin 1987 (Hg.), Idee, Prozeß, Ergebnis. Die Reparatur und Rekonstruktion der Stadt, Berlin 1984
- Äußerungen zum Planungsverständnis der IBA sind in zahlreichen Veröffentlichungen und Broschüren zu finden. Ich stützte mich hier vor allem auf Ganser, Karl, Arno S. Schmid und Thomas Sieverts, Das Prinzip. Der Nordsternpark, in: Bundesgartenschau Gelsenkirchen GmbH (Hg.), BUGA '97 – Dokumentation, Gelsenkirchen 1997; Ganser, Karl, Walter Siebel und Thomas Sieverts, Die Planungsstrategie der IBA Emscher Park. Eine Annäherung, in: RaumPlanung 61/1963, S. 112–118; vgl. auch die Beiträge von Henry Beierlorzer, Dieter Blase und Joachim Boll in: Selle, Klaus (Hg.), Planung und Kommunikation, Darmstadt/Berlin 1996
- Ausführlichere Auseinandersetzungen mit der Entwicklung der Planungskultur in eigenen Arbeitszusammenhängen sind zu finden in: Selle, Klaus, Was ist bloß mit der Planung los? Dortmunder Beiträge zur Raumplanung, Bd. 69, Dortmund ²1996; Keller, Donald, Michael Koch und Klaus Selle (Hg.), Planung + Projekte, Dortmund 1998; Selle, Klaus (Hg.), Siedlung, Freiraum, Kooperationen. Veränderung der Arbeits- und Organisationsformen für Siedlungs- und Freiraumentwicklung. Ergebnisberichte zum Forschungsprojekt ‚Kooperativer Umgang mit einem knappen Gut', Dortmund 1999

... in der Kraftzentrale des ehemaligen Hüttenwerks in Duisburg–Meiderich
Foto: Vollmer

Jörg Blume
Schule als Wohn- und Lebensort – Siedlung als Lernort
Die Evangelische Gesamtschule Gelsenkirchen-Bismarck
und die Selbstbausiedlung Laarstraße

Evangelische
Gesamtschule
Gelsenkirchen-Bismarck,
Modell
Foto: Brenner

Spätnachmittag, Schulschluß. Rainer Winkel, Direktor der Evangelischen Gesamtschule Gelsenkirchen-Bismarck, verabschiedet die Kinder am Schulausgang. Er lobt, mahnt, muntert auf – für nahezu alle hat er ein Wort übrig. Manchem seiner Schützlinge streicht er geschwind über den Kopf, einen leicht gekleideten Jungen drängt er dazu, bei dem naßkalten Wetter doch besser eine Regenjacke anzuziehen. So persönlich wie in einer kleinen Dorfschule kann er sein, denn noch sind es nur etwas mehr als hundert Kinder, die den ganztägigen Unterricht in der neuen Gesamtschule im Stadtteil Bismarck, einem typischen Gelsenkirchener Arbeiterviertel, aufgenommen haben. Für seine neue Aufgabe ist der Schulreformer aus Berlin ins Ruhrgebiet gekommen. Die Arbeit macht ihm sichtlich Spaß. Mit jedem Schulbeginn wird seine Schülerschar nun in den kommenden acht Jahren wachsen – bis von der fünften bis zur 13. Klasse alle Jahrgänge vertreten sind. Rund 1100 Schüler sollen es dann im Jahre 2006 sein. Parallel zu den Schülerzahlen wächst auch die Schule – die Anlage wird erst nach und nach fertiggestellt. So erleben die ersten Schülergenerationen den Bauprozeß mit und gestalten sogar ihre Klassenräume selbst.

Ein kreativer Prozeß für alle Beteiligten, sagt der Direktor und schließt sich der Meinung des Architekten Peter Hübner an, der die Schule und eine angrenzende Siedlung entworfen hat. Bereits in der Auslobung des städtebaulichen Wettbewerbs, den die Evangelische Kirche, die Stadt Gelsenkirchen und die IBA Emscher Park gemeinsam veranstalteten, hieß es, daß man keine Großform wolle, die Schule solle „vielmehr im Sinne des Nebeneinanders und Miteinanders unterschiedlicher Altersgruppen, sozialer, religiöser und kultureller Gruppen" geplant und „im Sinne der Überschaubarkeit und des eher kleinteiligen Maßstabes des *Dorfes* entwickelt werden". Peter Hübner antwortete mit dem Vorschlag, dorftypische Einrichtungen auf die

einer Schule zu transformieren und diese einzelnen Häusern zuzuordnen. So gibt es eine zentrale Straße, ein ‚Rathaus' (Verwaltung), ein ‚Kulturzentrum' (Aula), eine ‚Wirtschaft' (Mensa), Räume für die ‚Handwerker' (Technikräume), den ‚Buchladen' (Bibliothek) und einen Förderturm mit Versammlungsräumen für Lehrer und Schüler.

Angelegt ist die Schule als eine kleine ökologische Siedlung entlang eines linearen, glasüberdachten Hauptweges, der kleine Plätze einschließt. Von dieser ‚Hauptstraße' aus zweigen sechs Gassen ab, die zu den einzelnen ebenerdigen Klassenhäusern führen. Der Clou dabei ist, daß die Klassenhäuser von den Schulklassen mitgestaltet werden und bei diesen auch die Verantwortung für den Energieverbrauch, die Abfallbeseitigung, für die Gartenbewirtschaftung sowie für die Pflege des Grasdachs und eines Gewächshauses liegt. Die Idee dahinter: eine umweltorientierte Schule, in der Natur-, Umwelt- und Sinneserfahrungen im Mittelpunkt stehen. Deshalb werden die Schüler von Anfang an kreativ eingebunden. Bis zum Schulabschluß behalten sie das von ihnen verantwortete Klassenhaus. In ‚ihren' Gärten sammeln sie praktische Erfahrungen im Pflanzenbau, in den Werkstätten lernen sie bauen. Großen Wert legt die Evangelische Kirche darauf, daß die Schule eine multikulturelle und multikonfessionelle Stätte und als Ort der Begegnung für den gesamten Stadtteil offen ist. Neben dem evangelischen und katholischen gibt es daher auch muslimischen Religionsunterricht. Gemeinschaftseinrichtungen, wie Aula, Bibliothek oder ‚Gasthaus', sind örtliche Begegnungsstätten für den Stadtteil Gelsenkirchen-Bismarck.

Rainer Winkel kritisiert generell, daß ‚ökologisches Lernen' an den Schulen vernachlässigt werde. Das möchte er in Gelsenkirchen besser machen: „Wir

wollen nicht nur ein bißchen Umweltschutz lehren, sondern erfahrbar machen, daß alle Pflanzen, Tiere und Menschen Gottes Geschöpfe sind, die wir zu hegen, zu pflegen und zu schützen haben. Dieses Erfahrbarmachen fängt beim Essen, Trinken, Spülen und Putzen in der Schule an." Die von ihm geleitete Schule sei zugleich Familienschule, Erziehungsschule, Lebensschule und Stadtteilschule. *Familienschule*, weil in den Klassengemeinschaften alle ihren Platz haben: deutsche und ausländische Schüler, Jungen und Mädchen, Christen und Muslime, schnelle und langsame Lerner, Behinderte und Hochbegabte. Nach Möglichkeit erhält jede Klasse ein ‚Klassenlehrerpaar' – also eine Lehrerin und einen Lehrer, die sechs Jahre lang in ihrem Schulhaus bleiben und dort unterrichten und erziehen. *Erziehungsschule*, weil den Schülern Werte für das menschliche Miteinander vermittelt werden, wie beispielsweise Formen der Höflichkeit, die in der elterlichen Erziehung heutzutage häufig vernachlässigt werden. „Wir erziehen *aus* einem Glauben heraus, aber nicht *für* einen bestimmten Glauben oder gar für eine bestimmte Konfession", betont Winkel. *Lebensschule*, weil die Lehrer so viel konkrete Lebenserfahrung wie möglich und so wenig Belehrung wie notwendig vermitteln werden. „Erlebnispädagogik" nennt Winkel diesen Ansatz. Und *Stadtteilschule*, weil in der Schule auch ein vielfältiges Gemeindeleben stattfinden soll – auch abends und an den Wochenenden. Diese Verwurzelung im Stadtleben führe letztendlich zu einer größeren Identifikation der Bewohner mit der Schule. Eine soziale Verwahrlosung, wie sie in vielen Schulen ‚auf der grünen Wiese' zu beobachten sei, werde es in der Stadtteilschule vermutlich nicht geben. „Denn die Menschen hüten das, was ihnen gehört" – so formuliert es Winkel.

Diesen Geist der Schule spürt man auch nebenan. Denn die Schule wurde über einen Wettbewerb in dem nach der Zechenschließung vom Strukturwandel hart getroffenen Stadtteil auch als ein Stück integrierter Stadtteilentwicklung geplant, in deren Umfeld auch Siedlungsentwicklung für rund hundert Wohnungen vorbereitet wurde.
An der zur Schule führenden Laarstraße entstand so ebenfalls nach den Plänen von Peter Hübner eine Selbstbausiedlung aus der IBA Emscher Park-Projektreihe ‚Einfach und selber Bauen'. Auch bei diesem Projekt sind Prozeß und bauliches Ergebnis spannend. Die 28 zweigeschossigen Doppel- und Reihenhäuser in Holzrahmenbauweise sind in organisierter Gruppenselbsthilfe entstanden. Die Vorfertigung der Holzsystemelemente fand nicht in der Fabrik eines der mittlerweile zahlreichen Holzsystemhausbauer statt, sondern in einer ‚Feldfabrik', einem Hallenzelt auf der Baustelle. So wurden die Baufamilien unter fachlicher Anleitung selber zu Holzbauexperten. Fassadenbauer waren die Frauen. Niedrigenergiehaus-Standard, solare Warmwasserbereitung, Gründach und Regenwasserversickerung, schmale und autofreie Wohngassen, ein von der Gemeinschaft betriebenes Biotop und ein Gemeinschaftsspielplatz der ‚Eigenheimer' prägen die Siedlung. Auch das differenzierte Farbkonzept entstand individuell und doch mit kluger Führung: Nachbarn sollten sich über die Auswahl von fünf Farbtönen einigen: Doppelhaushälften sollten einheitlich, nebeneinanderliegende Reihenhäuser niemals gleich gestrichen werden.
Die Schule wächst mit ihren Schülern weiter. Das Siedlungsgebiet auch. In Vorbereitung ist nun eine Solarsiedlung mit rund 65 Häusern in Niedrigenergiehaus-Standard, mit solarer Warmwasserbereitung und photovoltaischer Stromproduktion. Der Geist der Schule steckt an.

Henry Beierlorzer
Einfach und selber bauen
Selbstbausiedlungen für soziales Wohnen,
Nachbarschaft und Baukultur in der Stadt

Über 50 Jahre lang war der Nachkriegs-Wohnungs-
bau wohnungspolitisch, ökonomisch und ideolo-
gisch gespalten: in den ‚sozialen Wohnungsbau‘ und
das ‚Eigenheim‘. Diese Polarität hat Stadtentwicklung, Städtebau und Architektur gleichermaßen
geprägt.

Der sozial orientierte und staatlich gesteuerte Teil
der Wohnungs- und Städtebaupolitik hat lange Zeit
dominiert. Er genoß immer auch die Aufmerksamkeit der Planer und Architekten. Mit der sozialen
Wohnungsversorgung für breite Schichten der Bevölkerung war der soziale Wohnungsbau zunächst
ausschließlich über Quantitäten geprägt: Die nötigen Mengenbauleistungen wurden im Geschoßwohnungsbau realisiert. Der bietet in großen Serien
Ansätze zur Kostenreduzierung und Rationalisierung im Bauprozeß. Geschoßwohnungsbau gilt darüber hinaus in der planerischen Debatte per se als
‚städtisch‘. Schließlich wurde städtebaulich bis Mitte
der siebziger Jahre mit großen Mengenleistungen
Stadtentwicklung und Stadtwachstum, danach
Stadtumbau als Sanierung mit Massenmietwoh-
nungsbau betrieben. Große Träger und Investoren
waren einerseits wohnungs- und bauwirtschaft-
licher Motor, andererseits aber doch teilweise
öffentlich kontrollierbar und Teil des Systems des
Sozialwohnungsbaus.

Den wohnungswirtschaftlichen Zyklen folgend nach
der zwischenzeitlich erfolgten Zuwendung zur
‚Erhaltenden Stadterneuerung‘ und in Zeiten sich
ausgleichender Wohnungsmärkte in den Anfängen
der neunziger Jahre, erlebte all dies schließlich so
etwas wie eine kleine ‚Renaissance‘: Die Ergebnisse
der Wohnungs- und Volkszählung, erhöhte Zuwanderung und eine kurz aufflackernde ‚Nach-Wende-
Konjunktur‘ begründeten die Rede von einer ‚neuen
Wohnungsnot‘. Vielerorts wurden wieder große
Neubausiedlungen, neue Stadtteile oder gar neue
Städte geplant. 2 000, 5 000, 15 000 Wohnungen
waren für Planer und Entwickler wieder selbstver-
ständliche Größen. Die Wohnbestandspolitik der
achtziger Jahre geriet wieder in den Hintergrund;
die großen neuen Wohngebiete versprachen noch
einmal Planungsaufgaben des Wachstums für ‚großen Städtebau‘ und für ‚große Architektur‘. Der
‚städtische‘ Geschoßmietwohnungsbau klassischer
Prägung stand als Bau- und Wohnform erneut Pate
für die neuen – in oder außerhalb der Stadt gelegenen – Wohngebiete.

Viele dieser Projekte sind mittlerweile ‚abgestürzt‘,
stecken im Investitions- und Marktloch oder werden planerisch zurückgeführt auf Baugebiete für
verdichteten Flachbau als Angebot für das Eigenheim innerhalb der Stadtgrenzen – gleichwohl oftmals am Rande der Stadt.

Denn das Eigenheim erhält über steuerliche Effekte
kontinuierlich hohe finanzielle staatliche Unterstützung und symbolisiert seit Jahrzehnten den zentralen Wohnwunsch vor allem familienorientierter
Haushalte, die ihn sich aufgrund vorhandenen Kapitals und gesicherten Einkommens leisten können.
Die städtebauliche, architektonische und planerische Aufmerksamkeit für diesen Teil der Woh-
nungsbauentwicklung war lange Zeit vergleichsweise gering. Aktive Steuerung gab es praktisch
nicht, oder sie kapitulierte vor den Regeln des Pri-
vatbesitzes an Grund und Boden. So ist das Eigenheim schon lange Motor der Suburbanisierung. Mit
bekannten Effekten: sozialräumlichen Polarisierung
in den Städten, Abwanderung besser verdienender
und familienorientierter Haushalte, Flächenfraß auf

der grünen Wiese mit seinen Folgen für eine Mobilität – und einen Verkehr, in dem das Auto zwangsläufig im Mittelpunkt stehen muß, mit den Infrastrukturlasten für Kommunen und schließlich auch mit der städtebaulichen, architektonischen und gestalterischen Entwicklung der ‚Wildschwein-Siedlungen‘, in denen sich die Individualisierung der Gesellschaft vielfältigst ausdrückt.

Nach der erneuten Entspannung in einigen Wohnungsteilmärkten, dem fast völligen Zusammenbruch des freifinanzierten Mietwohnungsbaus und den sich verknappenden öffentlichen Ressourcen für eine soziale Wohnungsversorgung bleibt das Eigenheim der verbleibende Motor der Baukonjunktur. Städte reagieren nun auf die Konzentration und den Zuzug von ‚Problemhaushalten‘ und Sozialhilfeempfängern in innerstädtischen Wohnanlagen und die Abwanderung ihrer ‚Leistungsträger‘ ins Umland:

Erste Kommunen verhängen einen faktischen Baustopp für den sozialen Wohnungsbau. Die Ausweisung von Baugebieten für Eigenheime soll Steuerzahler in den Stadtgrenzen halten. Das ‚kosten- und flächensparende Bauen‘ wird gemeinhin als Qualität an sich bezeichnet. Aber die Verknüpfung mit sozialer Wohnungsversorgung, Baukultur und neuen, gemeinschaftorientierten Wohnformen thematisieren klassische Bauträgermaßnahmen selten. Gerade in diesem Bereich braucht es soziale, ökologische und baukulturelle Innovation als Beitrag zu Städtebau und Stadtentwicklung.

Insofern stellt sich die Projektstrategie ‚Einfach und selber bauen‘ auch quer zu den klassischen Mustern von ‚sozialem Wohnungsbau‘ und ‚Eigentumsbildung‘:

• Die Wohnungsversorgung in eigenheimähnlichen Wohnformen wird nur selten in eine Verbindung mit der unverändert notwendigen sozialen Wohnungsversorgung für Haushalte mit geringem Einkommen gebracht. Wenn es etwas gibt, das das Wohnen im Ruhrgebiet stadträumlich auszeichnet, dann der Siedlungsbau. Das Wohnen im Haus mit eigenem Eingang und eigenem Garten, in einer städtebaulich und architektonisch geschlossenen Siedlung, mit Nachbarschaft und sozialen Kontakten ist auch ein Stück preiswerter Wohnungsversorgung. Eigenheimähnliches Wohnen und soziale Wohnungsversorgung verbinden und ergänzen sich hier.

• Zu oft wird eine Aneinanderreihung von Häusern bereits ‚Siedlung‘ genannt. Eine Siedlung braucht aber eigentlich mehr – neben einer städtebaulichen und architektonischen Identität eine soziale Identität und nicht zuletzt eine ‚Idee‘. Der Arbeitszusammenhang in der Arbeitersiedlung, eine gemeinsame Geschichte, gleiche Wohnstil- und Lebensformen sind für Siedlungen schon lange nicht mehr konstituierend. Schon jetzt werden Nachbarschaft und soziale Netze zunehmend wichtiger, um die Gesellschaft angesichts zurückgehender staatlicher Versorgungsleistungen zusammenzuhalten. Siedlungen und ihre ‚Idee‘ müssen auch hierfür die Grundlagen schaffen.

Selbstbausiedlung Taunusstraße in Duisburg vor der Großwohnanlage Hagenshof
Foto: Vollmer

Das Projektprinzip

Hier setzt die Projektstrategie ‚Einfach und selber bauen' an. Das Ziel: Siedlungen bauen – mit architektonischem Anspruch, mit ‚Eigenheimen für kleine Leute', mit Beiträgen zu ressourcenschonendem Bauen sowie als Grundlage für Nachbarschaft und soziale Gemeinschaft in der Stadt.

Über Wettbewerbe werden Siedlungen im ‚verdichteten Flachbau' und unter Ausnutzung der Prinzipien des kosten- und flächensparenden Bauens konzipiert und mit architektonischer Qualität profiliert. Vergleichsweise kleine (Reihen-) Häuser sollten insgesamt zwischen 250 000 und 320 000 DM kosten. Dies entspricht auch den Zielen und Projektinhalten der vielfältigen Modellvorhaben zum kosten- und flächensparenden Bauen. Die Verfügbarkeit von geeigneten Grundstücken zu Konditionen, zu denen auch sozialer Mietwohnungsbau möglich ist, ist hierzu eine zentrale Voraussetzung.

Die Finanzierung der Häuser ist für die Baufamilien zunächst klassisch: Fremdkapital der Hypothekenbanken und die Eigenheimförderung des Landes Nordrhein-Westfalen sind hier die entscheidenden Finanzierungsgrundlagen. Diese Finanzierung hat aus Sicht von Haushalten mit Kindern und geringem Einkommen nur einen Makel: Jede Eigenheimfinanzierung baut auf Eigenkapital. Dies ist nicht oder nur in geringem Maße vorhanden. Daran scheitern in der Regel alle Baufinanzierungen. Es bleibt der Zugang unterer Einkommensschichten auf den Eigenheimmarkt verwehrt. Da hilft auch das kosten- und flächensparende Bauträgermodell nicht sehr viel weiter. Denn mindestens 15 Prozent an Eigenkapital müssen immer aufgebracht werden.

Bei der Projektstrategie ‚Einfach und selber bauen' wird ein wesentlicher Teil des nötigen Eigenkapitals durch Selbsthilfe ersetzt. Sie macht das Bauen nicht billiger, sondern ist ein Finanzierungsbeitrag. Durchschnittlich müssen 30 000 DM durch Selbsthilfe erwirtschaftet werden; Selbsthilfe muß deshalb in nennenswertem Umfange schon beim Rohbau einsetzen. An Wochenenden, nach Feierabend und in den Ferien müssen durch die Bauhaushalte und deren Helfer durchschnittlich etwa 1 500 bis 2 000 Arbeitsstunden erbracht werden.

Diese von Anfang an einsetzende Selbsthilfe beim Bauen braucht professionelle Betreuung und Organisation. Beides lohnt sich kaum für einen Einzelnen, sie muß in der Gruppe organisiert werden. Eine Betreuungsleistung, die sowohl für die kaufmännische als auch für die technische Selbsthilfeabwicklung auf der Baustelle sorgt, eine solide Finanzierung gewährt und ein kostengünstiges Bauen fördert.

Das Bauen in der Gruppe ‚aus einem Guß' führt weg vom Häuslebau und hin zum Siedlungsbau. Denn hier entstehen in sich geschlossene städtebauliche Einheiten, die sich deutlich von den üblichen Agglomerationen des ‚Freistils im Eigenheimbau' unterscheiden können.

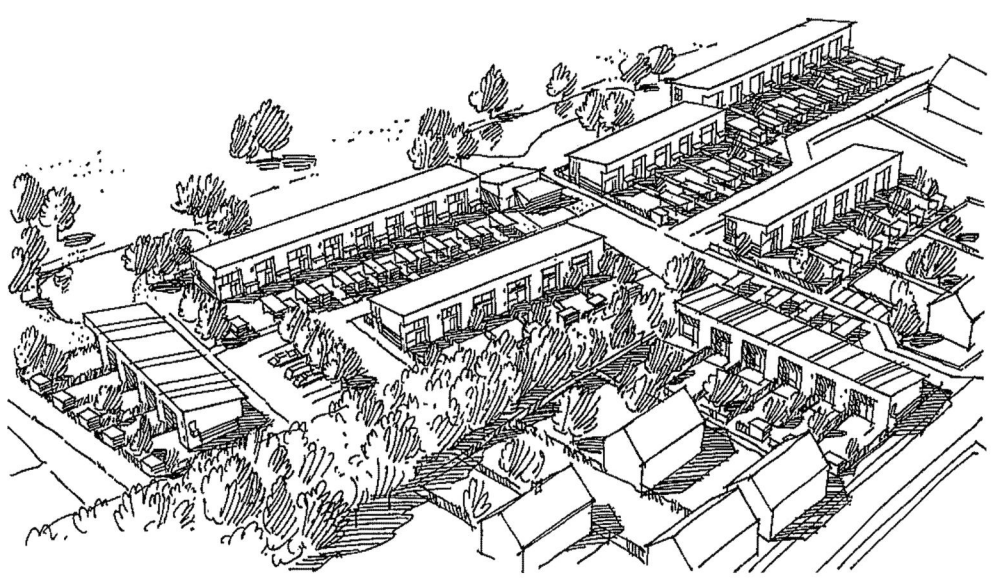

Die Selbstbausiedlung ,Am Rosenhügel' in Gladbeck (Plan: Tegnestuen Vandkunsten, Carsten Lorenzen, Kopenhagen)

Nach diesen Prinzipien sind im Rahmen der IBA Emscher Park sieben Siedlungen mit über 250 Wohnungen entstanden. Jede dieser Siedlungen thematisiert ein eigenständiges Stück Innovation: das Wohnen mit Kindern, den Betrieb eines Gemeinschaftshauses, ein bautechnisches Profil und/oder eine ungewöhnliche Architektur und Siedlungsgestalt (vgl. die Seiten 156 ff in diesem Buch). Sie bieten Anhaltspunkte für wohnpolitische, städtebauliche und soziale Perspektiven einer städtischen Siedlungsstrategie zwischen Geschoßmietwohnung und Einfamilienhaus:

Soziale Wohnungsversorgung

Mit dem kostengünstigen Bauen muß ein neues Marktsegment erreicht werden, das auch auf Zielgruppen zugeschnitten ist, die üblicherweise nie in die Nähe des Eigentums kämen. Selbsthilfe wird dann entscheidend dafür, daß bestimmte Haushaltsgruppen überhaupt Zugang zur familiengerechten Wohnform ,Haus mit Garten' erhalten. Die Projekte sind daher nicht mit dem klassischen Eigenheimmarkt zu vergleichen. Sie sind vielmehr eine Variante zur Versorgung für Familienhaushalte im öffentlich geförderten Mietwohnungsbau. Es handelt sich nicht um Alternativen zum Eigenheim, sondern um Alternativen zur Geschoßmietwohnung. Wohnflächen und Ausstattung orientieren sich an den Wohnflächenobergrenzen des öffentlich geförderten Mietwohnungsbaus. Entscheidende Vorzüge sind die Wohnform und die dauerhafte

Wohnperspektive für die Nutzer.
Die Gesamtkosten der Objekte liegen je nach Finanzierung bei maximal 300 000 bis 320 000 DM. Das stellt Anforderungen in zwei Richtungen:
• Der Grundstückspreis bedarf einer aktiven Baulandpolitik der Kommune,
• die Weitergabe aller Effekte des kostensparenden Bauens an die Nutzer ohne Zwischengewinne für Bauträger braucht seriöse ,Dienstleister'.
Projekte der Reihe ,Einfach und selber bauen' sind honorierte Dienstleistungsaufgaben für Baubetreuer, die sich den Prinzipien der sozialen Wohnungsversorgung und Gemeinnützigkeit verpflichtet fühlen – vielleicht sogar ein neues Aufgabenfeld für Kommunen und kommunale Unternehmen, die unter dem Druck von Privatisierungsdebatten Arbeitsfelder mit positiver Sozialbilanz suchen.

Siedlungskultur

,Einfach und selber bauen' ist ein städtisches Bau- und Wohnkonzept. Es bietet Alternativen zum Geschoßwohnungsbau. Maßvolle städtebauliche Verdichtung, Geschoßflächenzahlen (GFZ) zwischen 0,6 bis 0,8, Reihenhausstrukturen, kompakte Bauweisen und gebündelte Erschließung machen gerade in den Ballungsräumen als Beitrag zu einer geordneten Siedlungs- und Regionalentwicklung nach Innen Sinn.
Es geht um den Bau städtebaulich geschlossener Siedlungen als Gegenbild zur Zersiedelung unserer Stadtränder durch Eigenheime. Städtebauliche Pro-

filierung erfordert auch die Ausbildung und Wieder-
entdeckung öffentlicher Räume, die es in jüngeren
Eigenheimbaugebieten kaum noch gibt. Dazu gehören geschlossene Freiraumkonzepte, die nicht an
Parzellengrenzen halt machen, die etwa ein Gemeinschaftshaus, einen Spielplatz oder ein Feuchtbiotop
aufnehmen können und eine räumliche Verbindung
zur angrenzenden Landschaft herstellen.
Es geht um vernünftige Erschließungssysteme, in
denen der ruhende Verkehr am Rande der Siedlungen gebündelt werden kann.
Ressourcenschonendes Bauen braucht zentrale und
gemeinschaftliche Lösungen für Versorgung und
effiziente Haustechnik – vor allem dort, wo etwa bei
einem Niedrigenergiehaus eine individuelle Hei-
zungsanlage in der Regel überdimensioniert und
damit ineffizient ist.
Der Export dieses eher städtischen Entwicklungs-
modells auf das (Um-)Land macht keinen Sinn. Es
wird von den Häusle-Bauern nicht akzeptiert – das
in Nachbarschaftshilfe errichtete freistehende Haus
auf großem Grundstück mit individuellem Zuschnitt
wird hier zum Maßstab, dem sich die oben beschrie-
bene Projektstrategie kaum annähern kann.
,Einfach und selber bauen' ist eine Projektstrategie
für die Stadt!

Selbstbausiedlungen als Träger für innovatives Bauen

Die Siedlungen der Reihe ,Einfach und selber bau-
en' sind immer auch etwas Besonderes. Dies drückt
sich in der architektonischen Haltung ebenso aus
wie im städtebaulichen Konzept. Die Siedlungen
sind das Ergebnis wettbewerbsähnlicher Verfahren,

denn sie sind auch Beiträge zur Baukultur einer
Region. Wen wundert es, daß ihre Prinzipien nicht
mit dem konventionellen Bild der vermeintlich
marktgerechten Gestaltung der üblichen Eigen-
heim- und Siedlungsgebiete übereinstimmen
können!
In der Regel ausgelöst über Wettbewerbsverfahren
und auf der Suche nach höchstmöglicher Qualität,
entwickeln sich die Projekte zum Anwendungsfeld
für die eine oder andere technische Innovation.
Gerade die Anliegen des ressourcenschonenden
Bauens können hier pragmatischer weitergetrieben
werden als im traditionellen, von großen Wohnungsbauunternehmen getragenen Mietwohnungsbau. Dies betrifft den Holzbau gleichermaßen wie
den Durchbruch in den Niedrigenergiehaus-
Standard, die solare Warmwasserbereitung oder
den Umgang mit Regenwasser in den Siedlung-
gebieten.
Zielgruppe der ,Einfach und selber bauen'-Projekte
sind nicht leidensfähige und ökologisch motivierte
Lehrer- oder Architektenfamilien, sondern Sozial-
mieterhaushalte, die ökologisches Bauen, Bauen
mit Holz, Häuser mit ungewöhnlichen Dachformen,
ohne Keller und dazu noch ohne eigene Garage zunächst eher als Makel empfinden. Oft erfolgte die
Verführung über die einzigartige Möglichkeit, nur
hierüber überhaupt den Traum vom eigenen Heim
für die Kinder realisieren zu können. Im Prozeß hat
das Selberbauen dann dem ressourcenschonenden
Bauen den entscheidenden Dienst erwiesen. Die
Bewohner haben sich durch die intensive Beschäftigung mit ihren Projekten selber zu Experten entwickelt. Sie schätzen den hohen baulichen Wärme-

‚Feldfabrik' der Selbstbausiedlung Laarstraße in Gelsenkirchen: rationelle Vorfertigung von Holzrahmenelementen an Ort und Stelle und in organisierter Gruppenselbsthilfe
Foto: Beierlorzer

schutz der Niedrigenergiehäuser, der – etwa gekoppelt mit einer Solaranlage – dazu führt, daß sie pro Quadratmeter Wohnfläche für Warmwasserbereitung und Heizung im Monat rund 0,40 DM aufwenden müßten. Für Selbstbaufamilien sind auch Pflege und Erhalt von Holzfenstern oder Holzfassaden nicht das Problem, zu dem es Wohnungsvermietungsgesellschaften gern machen. Probleme haben sie ebensowenig mit der Wartung der Regenwasserversickerungssysteme, und sie kümmern sich auch um die Biotope und die ökologischen Ausgleichsflächen.

Selbstbauprojekte sind Katalysatoren für ressourcenschonendes Bauen vor allem dort, wo das Nutzerverhalten zunehmend zum entscheidenden Faktor der nachhaltigen Entwicklung wird.

Nachbarschaft und Gemeinschaft – eine soziale Siedlungsidee

Das Selberbauen in der Gruppe ist die direkteste Form der Nutzerbeteiligung und Grundlage der Nachbarschaftsbildung. Das Gemeinschaftshaus in der Mitte, ein Platz oder ein Spielbereich, die als Gemeineigentum betrieben werden, sind baulicher Ausdruck dieser neuen Nachbarschaften. Wechselseitige Kinderbetreuung und Solidarität mit Nachbarn in Krisenfällen sind Ergebnisse von sozialen Netzen, die im gemeinsamen Bauprozeß (und auch einer gemeinsamen Leidensgeschichte) entstanden sind. Die Siedlungen haben eine gemeinsame ‚Idee' und eine Identität, die weit über die bauliche Siedlungserscheinung hinausreicht. Die Bewohner haben gemeinsame Erfahrungen, sie haben Konflikte gemeinsam ausgestanden. Auch nach der Fertigstellung der Häuser gibt es zahlreiche Gemeinschaftsaufgaben für die Nachbarschaft:

- technische Aufgaben wie die Wohneigentumsverwaltung und den Betrieb gemeinschaftlicher Anlagen,
- informelle Aktivitäten wie den Betrieb eines Gemeinschaftshauses, Feste, Kinderprogramme oder die Arbeit in einem Siedlerverein.

Hier handelt es sich um eine zeitgemäße Interpretation des sozialen Kitts in Siedlungen, wie wir ihn von den alten Arbeitersiedlungen kennen. Es ist diese gemeinsame ‚Idee', die eine Baumaßnahme zur Siedlung macht.

Die beschriebenen Projekte bedürfen schon sehr starker und hochmotivierter ‚Bauherren', die sich auf dieses ‚Abenteuer' Bauen einlassen. Die Vielzahl der Wohnungssuchenden – Alleinerziehende, Alte, sozial Instabile: mobile, nicht familiär orientierte Ein- bis Zweipersonenhaushalte – wird auch weiterhin auf Lösungen vor allem im Bestand des städtischen (Miet-)Wohnungsbaus angewiesen sein. ‚Einfach und selber Bauen' ist daher kein Allzweckmittel für eine städtebauliche wie sozial qualifizierte Siedlungsentwicklung und Wohnungsversorgung in der Stadt. Gleichwohl bedürfte es mehr davon. Denn in der beschriebenen Verknüpfung von sozialer Wohnungsversorgung und städtebaulicher Qualität. Innovationsimpulsen zum ressourcenschonenden Bauen und Nachbarschaft in der Stadt rechtfertigen sie eher öffentliches Engagement von Wohn- und Stadtentwicklungspolitik, als es die diffusen Leitbilder von der ‚Eigentumsbildung' und dem ‚kosten- und flächensparenden Bauen' zur Zeit tun.

Roland Kirbach
Jede freie Minute auf der Baustelle
Wie zwanzig Familien mit Hilfe des Prinzips ‚Einfach und selber bauen' zu Eigenheimen kamen

Ein eigenes Haus? Na ja, vielleicht eine Eigentumswohnung. Mehr trauten sich Gabriele und Herbert Hecken nicht zu. Natürlich, für die beiden Kinder wünschten sie sich schon, sie könnten in einem eigenen Häuschen mit Garten aufwachsen statt in der Altbau-Mietwohnung. Doch allein mit Herbert Heckens Einkommen aus seiner Tätigkeit als Großhandelskaufmann – seine Frau, eine gelernte Bürokauffrau, arbeitet derzeit nicht – würde das nicht gehen.

Ein eigenes Haus? Diese Frage hatten Thomas Wieland und seine Frau Kerstin für sich längst mit Nein beantwortet. Auch sie lebten in einer Etagenwohnung, ihre beiden Kinder vermißten in der Umgebung gleichaltrige Spielkameradinnen und Spielkameraden. Doch mit Thomas Wielands Einkommen als Lokführer im Bergbau sei ein Hausbau nicht drin. Seine Frau ist als Verwaltungsangestellte nur teilzeitbeschäftigt.

Ein eigenes Haus? Ja, unbedingt. Egal, wie, aber diesen Traum wollten sich Peter und Andrea Schaffrien auf jeden Fall erfüllen. Bloß raus aus dieser Einliegerwohnung unterm Dach. Als das dritte Kind unterwegs war, wurde das Problem drängend. Die Frage jedoch auch hier: Wie das Ganze finanzieren? Peter Schaffrien arbeitet als Bankkaufmann, seine Frau, gelernte Zahnarzthelferin, gab wegen der Kinder ihre Arbeit auf.

Heute sind sie alle – die Heckens, die Wielands und die Schaffriens – stolze Eigenheimbesitzer. Als drei von 20 Familien wohnen sie seit Mai 1997 in der neuen Siedlung an der Feldstraße in Herten. Daß dies eine kinderfreundliche Siedlung ist, lassen schon von weitem die knallbunten Farben der Fassaden vermuten. In kräftigem Blau, Grün oder Gelb erstrahlen die skandinavischen Holzhäuser.

Die eigentliche Kinderfreundlichkeit des Projekts jedoch besteht darin, daß es den Familien, die allesamt nicht zu den Besserverdienenden zählen, überhaupt ermöglicht wurde, sich ein solches

Eigenheim zu leisten. ‚Einfach und selber bauen' heißt: Die Häuser sind nicht groß, aber gut geschnitten, haben statt eines Kellers nur Abstellräume im Garten und sind aus Holz, aber mit hohem Wärmeschutz konstruiert. Die Bauherren erbrachten 30 000 Mark an Eigenkapital in Form von Arbeit – rund 1 900 Stunden. Zudem entfielen die Grundstückskosten: Die Stadt Herten stellte den Baugrund im Wege des Erbbaurechts zur Verfügung.

Zunächst nur aus Neugierde ließ sich Thomas Wieland auf der ersten Informationsveranstaltung von Fachleuten des Bauträgers, der dfh-Siedlungsbau, Worms, ausrechnen, wie ein Finanzierungsmodell für seine Familie aussehen und mit welchen Fördermitteln er rechnen können würde. Und plötzlich war die Finanzierung des Eigenheims kaum teurer als die bisherige Miete.

Statt 700 Mark Warmmiete zahlt die Familie nun

fürs eigene Haus samt Garten monatlich rund 1 000 Mark ab. Es sei ein „schmaler Korridor", sagt Thomas Wieland, in dem sich die Einkommen bewegen müßten: Wer zuviel verdient, verliert den Anspruch auf die Unterstützung. Wer zu wenig verdient, erhält die Förderung nicht, weil sonst nicht mehr genug Geld zum Lebensunterhalt bliebe.

Gebaut wurden zwei Haustypen: 13 Häuser vom kleineren Typ A mit zwei Kinderzimmern und 92 Quadratmetern Wohnfläche und sieben Häuser vom Typ B mit drei Kinderzimmern und 111 Quadratmetern Wohnfläche. Die Wielands und die Heckens bewohnen Typ A, je 320 000 Mark zahlten sie dafür. Die Schaffriens kostete ihr Haus vom Typ B 350 000 Mark. In diesen Summen ist jeweils die Eigenleistung enthalten.

Diese ist der soziale Mörtel des Projekts. Die gemeinsame Arbeit nach dem Motto ‚Jeder hilft jedem' hat die neuen Nachbarn zusammengeschweißt, noch ehe sie zusammen wohnten. Ein Jahr lang verbrachten die Familienväter jede freie Minute auf der Baustelle; wenn sie heute davon erzählen, schwingt da etwas mit von Männerbund, von Freiheit und Abenteuer.

An den Frauen blieben sämtliche häusliche Pflichten hängen, notgedrungen taten auch sie sich zusammen, etwa bei der Kinderbetreuung. „Man war ja praktisch ein Jahr lang alleinerziehende Mutter", erzählt Kerstin Wieland. „Manche Phasen der Entwicklung ihrer Kinder haben die Väter gar nicht mitgekriegt."

Für den Bauleiter müsse die Gemeinschaft von „zwanzig Stümpern" eine Zumutung gewesen sein, meint Peter Schaffrien. Bis zu sechzehn Stunden am Tag habe der Mann auf der Baustelle verbracht, ohne auf Facharbeiter zurückgreifen zu können –

und dies bei nicht eben wenigen Pannen. Gleich zu Beginn ließen sintflutartige Regenfälle die 80 Zentimeter tiefe Ausschachtung vollaufen. Der Beton fürs Fundament wurde ohne Pumpe angeliefert. Mühsam mußte er mit Rechen verteilt werden. „Man hat 'ne Menge gelernt", resümiert Herbert Hecken. Eine Handkreissäge habe er zuvor nie angefaßt. Heute setzt der Sechsunddreißigjährige die neuen Fertigkeiten beim Feinausbau seines Hauses ein.

Den meisten Männern setzte die ungewohnte körperliche Arbeit arg zu. Herbert Hecken wachte nachts oft mit Wadenkrämpfen auf, ebenso Thomas Wieland. Andrea Schaffrien erzählt, ihr Mann habe fast zehn Kilo abgenommen. Daß so mancher Bierbauch, der zwischenzeitlich verschwunden war, nun wieder gewachsen ist, betrachten die Frauen als das kleinere Übel.

Als Erfolgserlebnis wirkte nach der Plackerei mit dem Fundament, als die norwegische Holzbaufirma die vorgefertigten Teile lieferte und Zimmerleute den Rohbau samt Dachstuhl innerhalb kürzester Zeit errichteten. Für die Bauherren blieb immer noch genug zu tun: der Innenausbau samt Dämmung, die zweite Schale der Außenwand und der Fassadenanstrich.

Eng stand die Siedlergemeinschaft zusammen, wenn es galt, die Pläne der Architekten zu durchkreuzen. Für die Wege im Innenhof etwa hatte das Team vom Kölner Büro 3Pass ArchitektInnen aus optischen Gründen eine ‚wassergebundene Decke' vorgesehen. Die Familien dachten eher praktisch, also daran, daß die Kinder bei Regen jede Menge Schmutz in die Häuser schleppen würden. Daher bestanden sie auf gepflasterten Wegen – und setzten sich durch.

Nach dem Einzug trug auch die Außenwelt dazu bei, daß die Siedler sich wie eine verschworene Gemeinschaft fühlten. Weil auf dem Bauschild stand, die Häuser seien „in einfacher, kostensparender Bauweise" und „in organisierter Gruppenselbsthilfe" entstanden, hieß es bald, dort wohnten sozial schwache beziehungsweise ‚Problemfamilien' in billigen Baracken.

Wer die Siedlung betritt, spürt sofort diesen Gemeinschaftsgeist. Der langgestreckte Innenhof, um den sich die Häuser gruppieren, ist eine Art öffentlicher Sozialraum. Hier spielen die Kinder, bei schönem Wetter sitzen dort auch immer ein paar Erwachsene beieinander. Die Nähe wird von nahezu allen auch so gewollt. „Natürlich gibt es einen harten Kern von Leuten, die öfter zusammen sind als andere", räumt Kerstin Wieland ein. Doch wenn Feste organisiert werden, schließt sich keiner aus. Mit alledem knüpft die Siedlung an den fürs Ruhrgebiet typischen Arbeitersiedlungsbau an. Manche von dessen Elementen wurden aufgegriffen. So steht vor jedem Haus als Ersatz für den fehlenden Keller ein Schuppen, ähnlich wie früher die Anbauten mit Waschküche, Stall und Toilette, „alle von gleicher Größe und Farbe", wie der Ruhrgebiet-Schriftsteller Erik Reger 1931 eine solche Siedlung beschrieb. „Und jede Öffnung und Schließung der Türen war der gegenseitigen Überwachung unterworfen. Die Freude an planmäßigen Sistierungen ersetzte hier die Freude an erforschten Geheimnissen, denn es gab ja kaum Geheimnisse."

Das kann für die Hertener Siedlung schon darum nicht mehr gelten, weil die Toiletten innen liegen – und abgesehen davon sind die Häuser so erstaunlich gut gedämmt, daß es sehr wohl Geheimnisse gibt.

Foto: Blossey

73

Karl-Heinz Cox
Was bleibt, ist Qualität
Siedlungen in Zeiten zyklischer Verläufe des Wohnungsmarktes

**Über Qualitäten des Wohnungs- und Siedlungs-
baus nachdenken**

In einer Zeit, da die Wohnung zunehmend zum
Handelsobjekt wird, da man sich schwer tut wegen
kurzatmiger Renditeerwartungen ebenso wie kurzatmiger hoher quantitativer Forderungen zur Investition im Neubau, in einer Zeit, in der statt dessen
ganze Wohnungsunternehmen gehandelt werden
und ihren Besitzer wechseln, erscheint vielen in der
Wohnungswirtschaft Tätigen über Qualitäten des
Wohnungs- und Siedlungsbau nachzudenken un-
verantwortlich oder aber zumindest antiquiert oder
gar fahrlässig.

Die Internationale Bauausstellung Emscher Park
hat in den neunziger Jahren eine Diskussion um
sehr umfassende sowie langfristig nachhaltig wir-
kende Qualitäten im Wohnungs- und Siedlungsbau
angestoßen und dies mit einer ganzen Reihe von
realisierten Projekten belegt. Die Wohnungswirtschaft hat sich daran nur zögernd beteiligt. Im folgenden seien zunächst einige Ausgangspositionen
verdeutlicht, die etwa die TreuHandStelle Essen als
eines der großen Wohnungsunternehmen im Ruhrgebiet bewogen haben, sich an der IBA mit Praxis-
projekten zu beteiligen.

Konsumgüter werden schnell verbraucht, sind tatsächlich oder wegen sich wandelnder Anforderungen qualitativ schnell überholt. Die Wohnung ist
aber kein Konsumgut, sondern eines der langlebig-
sten, zugleich aber hinsichtlich der Wirtschaftlich-
keit des Investments, der Akzeptanz im jeweils gültigen Markt und der sozialen Brauchbarkeit eines
der komplexesten und schwierigsten Wirtschaftsgü-
ter. Die Wohnung hat aber auch einen Vorzug. Sie
kann über lange Zeiträume aktuell gehalten bzw.
aktuell gemacht werden – dies aber nur dann,
wenn, gebäude- und wohnungsbezogen, Voraussetzungen hoher Anpaßbarkeit bestehen, wenn Standort und Umfeld stimmen.

Wenn man Wachstum nur quantitativ versteht,
dann ist der Wohnungsbau spätestens von der zweiten Hälfte der neunziger Jahre an kein Wachstums-
markt mehr. Zahlenmäßig sind die Wohnungen, die
wir brauchen, gebaut. Bei quantitativer Marktsätti-
gung wird es aber auch in Zukunft immer Nachfra-
gesituationen geben, die sich mit dem jeweiligen
Angebot nicht befriedigen lassen. Die Nachfrage
kann begründet sein in wirtschaftlicher Prosperität
ebenso wie in sozialpolitischen beziehungsweise
gesellschaftspolitischen Motiven.

Mit einer Wohnung einer anderen Wohnung Konkurrenz zu machen, geht nicht mehr, es sei denn
mit einer Wohnung an einem anderen Standort, in
einer anderen Umgebung und – bei anderer Qualität – zu einem anderen Preis.

Was also ist zu tun?

Nachgefragt werden zukünftig zunehmend nicht
mehr Wohnungen als ,Versorgungsgüter‘, sondern
Wohn- und Lebensräume mit Qualität, in denen
man sich wohlfühlen, ja identifizieren kann. Siedlung, Stadtteil und Stadt werden zentral: Städtebauliches Umfeld, Milieu beziehungsweise Nachbarschaft, die Infrastruktur im Stadtteil und das soziale

Siedlung Schüngelberg
und Bergwerk Hugo
in Gelsenkirchen
Foto: Vollmer

Zusammenleben im Quartier sind zentrale Stand-
ortfaktoren. Die Wohnungswirtschaft wird sich in
Zukunft nicht nur um den Wohnungsbau im engeren, sondern um Standortentwicklung und Infrastruktur im weitesten Sinne kümmern müssen.
Am Standort Schüngelberg in Gelsenkirchen-Buer
haben wir über 300 Wohnungen einer alten Arbeitersiedlung modernisiert und uns dabei bemüht,
den Wohnstandort für das Zusammenleben von türkischen und deutschen Bergarbeiterfamilien attrak-
tiv zu halten.
Über einen internationalen Wettbewerb haben wir
zugleich nach Lösungen gesucht für noch einmal
mehr als 200 Neubauwohnungen als Ergänzung der
alten Siedlung – auch um der bisher abgehängten
Alt-Siedlung ein eigenständiges städtebauliches,
soziales und wohnungswirtschaftliches Gewicht zu
geben. Entstanden ist eine Siedlung, die sich ausdrücklich auf den Freiraum einer Bergehalde des
benachbarten Bergwerks Hugo bezieht. Haldenfuß
und Halde wurden so zu Freiräumen für die Siedlung Schüngelberg.
In der aus Alt und Neu zusammenwachsenden
Siedlung wurde erstmals in so großem Maßstab ein

komplexes Regenwassersystem entwickelt und umgesetzt, das zum Ausgangspunkt für Reinwasser im
Lanferbach am Fuße der Halde wird. Nicht zuletzt
bemühen wir uns – beispielsweise mit der Bereit-
stellung nicht nur eines Kindergartens, sondern
auch eines Gemeinschafts- oder Siedlungshauses –
um das nachbarschaftliche Leben.
Ein sehr komplexes Beispiel dafür, wie zukünftig
ganzen Siedlungsräumen und Stadtteilen Aufmerksamkeit zukommen muß. Konzepte von Bestandserneuerung, Instandsetzung und Modernisierung,
punktuellem Neubau, Pflege und Entwicklung von
Nachbarschaft und Verantwortung für das Gemeinwesen, Projekte der Umfeldverbesserung und Freiraumgestaltung sind komplexe Aufgaben für integrierte Handlungsprogramme.
Wohnungsbau braucht Nachbarschaft und Stadtteil.
Im Ruhrgebiet mit seinen besonderen Voraussetzungen hat sich ein städtebaulicher Typus entwickelt,
der hervorragende Anknüpfungspunkte dafür bietet: die Siedlung – sowohl in Form der kleinen Siedlungen als auch der großen, einen ganzen Stadt-
raum oder Stadtteil prägende Siedlung.
Im neueren Städtebau ist der Siedlungsbau vielfach

als stadtverneinende Insel diskreditiert worden.
Das Thema Nachbarschaft galt in den sechziger
und siebziger Jahren – und das wirkt bis heute nach
– als kleinbürgerliches Relikt. Nachbarschaften
galten als immobil, als entpolitisierte städtische
Exklaven.

Das Gegenbild ist Mobilität: großräumige Kommunikation, die Wohnung als private Insel in einem
orteübergreifenden Netzwerk von Arbeit und Freizeit einer mobilen Gesellschaft. Nach diesem Leitbild entstanden in den siebziger Jahren die ‚neuen
Städte‘. Die heute ‚Großsiedlungen‘ genannten
Wohnungsagglomerationen wurden nach Dichte,
Geometrie und Höhe mit stadtnachbildenden
Silhouetten geplant und gebaut. Wohnungsbau war
hier ein Wachstumsmotor und zugleich ‚Füllmasse‘
für Stadtentwicklung.

Mitte der achtziger Jahre zeigten sich die ersten
großen Leerstände. Schon damals zeichnete sich
das Ende des ‚Wachstumsmarktes Wohnungsbau‘
ab. Man begann, über die Ursachen nachzudenken,
und fand als Grund u. a. die Anonymität fehlender
Adressen, mangelndes soziales Management, mangelnde Kommunikation.

Die Arbeiter- beziehungsweise Bergarbeitersiedlungen im Ruhrgebiet wurden wieder entdeckt, ihr
Abbruch wurde verhindert, ihre Erhaltung unter
Beachtung ihrer typischen struktuellen und sozialen
Merkmale gefordert, aber auch zur unternehmeri-
schen Priorität erhoben. Nach Jahren der Ignoranz
gegenüber Nachbarschaften in Siedlungen als deren
baulichem Ausdruck erlebte die Siedlung geradezu
eine nostalgische Renaissance. In der städtebaulichen Diskussion – langsam und zögerlich auch in
der Architektenausbildung – wurde die Siedlung
wieder zu einem festen Begriff.

Im Portfolio eines Wohnungsunternehmens wandel-

ten sich diese Siedlungen von ‚poor dogs‘ zu ‚cash
cows‘ und wurden immer mehr zu ‚Stars‘. Was
zeichnet sie aus? Zufriedenheit und Langzeitwoh-
nen sind Garanten eines geringen Verwaltungs-
beziehungsweise Instandhaltungsaufwands. Viele
soziale Probleme lösen sich nachbarschaftlich. Jede
Wohnung ist in der Regel ein Haus mit eigener
Adresse. Dies gilt gleichermaßen für die vor und
nach dem Ersten Weltkrieg errichteten Siedlungen.
Sie wurden von den Bergwerken für die Arbeiter
gebaut, oft auch für angeworbene Arbeiter aus den
Ostgebieten. Es kamen ganze Dorfgemeinschaften,
die ihre neuen Dörfer erhielten. Das Torhaus am
Siedlungseingang signalisierte diese neue Heimat.
Natürlich waren es ‚Ghettos‘, positiv gesehen, man
fühlte sich in der gewohnten Personalnachbarschaft
unter sich beheimatet und damit sicher.

Noch heute sind diese Wohnungen marktsicher und
beliebt, obwohl sie in vieler Hinsicht aktuellen För-
dervoraussetzungen und technischen Normen nicht
entsprechen. Die Marktsicherheit beruht auf anderen Qualitäten, etwa den Gärten und dem Freiraum.
Vor allem aber wird eines deutlich: Die bauliche Erneuerung muß die vorhandenen Milieus und sozialen Netze berücksichtigen.

Wir lernen, Bewohner als Nutzer zu beteiligen: in
Projekte einzubinden und an ihnen mitwirken zu
lassen. Die Bestandserneuerung muß sich um mehr
als die Häuser kümmern, sie muß sich um das
Umfeld und die Adresse kümmern. Erneuerung ist
dann auch Siedlungs- und Stadtteilentwicklung; es
geht um Freiraum, Umfeld, Energieversorgung, um
die Nahversorgung oder die Versorgung mit Kinder-
betreuungsangeboten.

Zum Beispiel Fürst Hardenberg: In dieser Siedlung
in Dortmund-Lindenhorst gibt es ein dichtes, über
lange Zeit entstandenes nachbarschaftliches Netzwerk, das sich über ganze Familiengenerationen
hinweg und über den gemeinsamen Arbeitgeber
Bergbau entwickelt hat. Die schöne und schlichte
Siedlung vom Anfang der zwanziger Jahre benötigte
jedoch Ende der Achtziger eine bauliche Grunder-
neuerung. Wir haben uns hier auf einen ungewöhnlichen Weg verständigt: Wir haben versucht, durch
eine Mischung von Einzelwertverbesserungen,
durch ein Zusammenziehen von langfristigen
Instandhaltungsmitteln, durch Berücksichtigung

... ergänzender
Neubau am Rand
der Siedlung
Fürst Hardenberg
Foto: Scholz

von Selbsthilfeeinbauten der Bewohner, aber auch von punktueller Modernisierung nach den Förderrichtlinien des Landes eine sehr differenzierte und die sozialen Belange der Bewohner berücksichtigende Strategie der Bestandserneuerung durchzuführen. Und wir mußten in diesem Zusammenhang lernen, die Gründung einer Interessengemeinschaft der Mieter nicht als Problem zu sehen, sondern als Instrument langfristiger Kooperation zu gestalten. Intensiv genutzte Hausgärten und Grabelandflächen werden mit einfachen Maßnahmen der Erneuerung der Hecken und des alten Mistwegesystems gesichert. Besonders stolz sind wir darauf, daß es uns gelungen ist, ein kleines vorbildliches Neubauprojekt aus dem Siedlungszusammenhang zu entwickeln und zu realisieren. Mit den Bewohnern wurde eine Brachfläche dafür ausgewählt. Für die neuen Wohnungen wurden gezielt Mieter gesucht, die sowohl die Voraussetzungen für den sozialen Wohnungsbau mitbringen als auch wieder in soziale Nähe ihrer Eltern bzw. Kinder ziehen wollten oder andere verwandtschaftliche oder freundschaftliche Beziehungen in die Siedlung hatten. Diese Mieter wurden an der Qualitätsentwicklung, im übrigen auch am Wettbewerbsverfahren, beteiligt. Herausgekommen ist eine kleine Neubausiedlung des sozialen Mietwohnungsbaus, die in die Alt-Siedlung nicht nur architektonisch und städtebaulich, sondern auch sozial integriert ist und in der sich eine neu entstandene Nachbarschaft für Qualitäten wie Holzbau, eine gemeinschaftliche Stellplatzanlage vor der Siedlung, einen grünen Anger als Gemeinschaftsfläche, eine Gemeinschaftswohnung und vieles mehr stark macht. Die Wohnungswirtschaft muß es lernen, derartige komplexe Projekte anzugehen und das Know-how dafür aufzubauen.

Die Arbeitersiedlungen hatten sie prägende Gemeinsamkeiten: im gemeinsamen Beruf der Bewohner, in den Belastungen und Risiken im Bergwerk und den gleichen sozialen Erfahrungen. Diese haben, nicht zuletzt getragen vom Wunsch nach Sicherheit, Siedlungsidentität gestiftet. Städtebau und Architektur haben dieser räumliche Angebote und gestalterischen Ausdruck gegeben. Für den zukünftigen Wohnungsneubau heißt dies, daß wir uns immer wieder auf die Suche nach einer neuen gemeinsamen Idee und Identität für Siedlungen machen müssen, die wiederum über ihre geschlossene Architektur hinausgeht, vielleicht über die Planung einer Neubausiedlung gemeinsam mit den zukünftigen Nutzern wie in dem zuvor angedeuteten Neubauprojekt ‚Wohnen im Garten‘ in der Siedlung Fürst Hardenberg, oder über das gemeinsame Bauen in organisierter Gruppenselbsthilfe, wie in den von der THS betreuten ‚Einfach und selber bauen‘-Siedlungen in Gelsenkirchen-Bismarck oder Lünen-Brambauer.

Vielleicht sind es aber auch die Nachbarschaftsinitiativen in den großen Siedlungen wie der Küppersbusch-Siedlung in Gelsenkirchen oder in der Siedlung auf dem ehemaligen CEAG-Gelände in Dortmund, die mit ihren Aktivitäten rund um die Gemeinschaftsräume helfen, den Siedlungen mit der prägnanten Architektur auch von innen heraus eigene Adressen zu geben. Erst im Zusammenwirken von sozialer und baulich-gestalterischer Qualität und Identität entsteht die lebendige Siedlung.

Wenn die Wohnungswirtschaft sich nicht über kurzfristige Renditeerwartungen zu share-holder-Unternehmen wandeln soll, wenn sie weiterhin Verantwortung übernehmen will für das komplexe, langfristig am jeweiligen Ort verankerte Wirtschaftsgut Wohnung, ebensowenig einseitig orientiert an politisch geforderten Finanzierungsmodellen wie auf die Rolle des Trägers kurzlebiger Architekturmoden fixiert, wenn sie Partner sein will für staatliches Handeln, dann liegen integrierte Handlungsprogramme für Nachbarschaft, Siedlung und Stadtteil im langfristigen wirtschaftlichen Eigeninteresse auch der Wohnungswirtschaft – ganz nach dem Motto ‚Was bleibt, ist Qualität‘.

Roland Kirbach
„Das ist wie Urlaub, man vergißt die Zeit"
Inmitten einer alten Bergarbeitersiedlung entstanden Sozialwohnungen,
in denen sich die Mieter wie im Eigenheim fühlen

Nein, Liebe auf den ersten Blick war es wirklich nicht. Als die ersten Neubauten standen, gibt Karin Eichenauer zu, seien ihr die Tränen gekommen: „Diese Farben, rote Türen, bunte Fensterrahmen!" Innen eine Eisentreppe, die an Bahngleise erinnere. Vor allem: Die Häuser waren aus Holz, aus grünem Holz! Und darauf hat ihre Familie sechs Jahre lang gewartet?

Doch wie das so ist mit einer Liebe, die langsam reift: Sie geht um so tiefer. Heute möchten die Eichenauers ihr Reihenhaus mit keiner anderen Wohnung mehr tauschen. An die Farben und die Holzbauweise haben sie sich nicht nur gewöhnt – sie identifizieren sich so sehr damit, daß sie sich persönlich getroffen fühlten, als die örtliche CDU die Häuser als „Baracken" und „Karnickelställe" verunglimpfte.

Die Gestaltung der Räume wie der Außenanlagen konnte die Familie mitbestimmen. Im Erdgeschoß etwa wollte sie keine Innenwände. Küche, Eßzimmer und die Diele mit Treppenaufgang bilden einen großen offenen Raum, der sehr licht und wohnlich wirkt. Im Grunde, geben die Eheleute zu, genießen sie den Wohnstandard eines Eigenheims – und das in einer Sozialwohnung.

Das neue Heim der Eichenauers ist eine von 29 öffentlich geförderten Mietwohnungen, die auf einer Brachfläche in der aus den zwanziger Jahren stammenden Arbeitersiedlung Fürst Hardenberg im nördlichen Dortmunder Stadtteil Lindenhorst errichtet wurden. Die 15 zweigeschossigen Doppel- und Reihenhäuser sind um eine grüne Freifläche angeordnet. Zu jeder Wohnung gehören eine Terrasse und ein Garten.

Am meisten schätzten sie, sagt Karin Eichenauer, daß hier keine Autos fahren dürfen; sie müssen auf einem Parkplatz draußen vor der neuen Siedlung abgestellt werden. Ihre jüngste Tochter, sagt Ehemann Ulrich, wachse am freiesten von allen ihren drei Kindern auf. Karin Eichenauer: „Wir sitzen hier im Sommer abends oft zusammen und vergessen, das Kind reinzuholen. Das ist wie Urlaub, man vergißt einfach die Zeit."

Die besondere Wohnqualität hat die Eichenauers inzwischen auch mit der sechs Jahre währenden Wartezeit versöhnt. So lange dauerte es, bis die Neubauten standen, da die Stadt Dortmund das Projekt sehr bürokratisch handhabe und immer wieder verzögerte.

Daß die Eichenauers wie viele andere Mieter dennoch ausharrten, liegt daran, daß sie in der Siedlung verwurzelt sind. Karin Eichenauer war siebzehn, als sie mit ihren Eltern hierhin zog; beide leben immer noch da, ebenso zwei ihrer Schwestern. Seit sie nach ihrer Heirat weggezogen war, stand für sie fest, daß sie irgendwann hierhin zurückkehren würde. „Ein großer Teil der Leute in

der alten Siedlung kennt mich noch von früher", sagt sie. „Wenn ich nur mal zum Metzger gehe, bin ich anderthalb Stunden unterwegs, weil ich so viele Bekannte treffe."

Ihr Mann, bis zu ihrer Stillegung 1987 auf der Zeche ,Minister Stein' beschäftigt, schätzt das dörfliche Leben in der Siedlung genauso. Er wuchs in der Bochumer Innenstadt auf – „ein Hochhaus mit 13 Stockwerken, kein Hof, kein Grün". Inzwischen fühlt er sich hier so heimisch, daß er sich zum Vorsitzenden des Mietervereins ,Spitzhacke' wählen ließ. Der Verein organisiert die Pflege der Außenanlagen und verwaltet die Gemeinschaftswohnung, in der Feste gefeiert, Kinder betreut oder Gäste einquartiert werden können.

Genau solche Mieter wünschte sich die Eigentümerin der Siedlung, die Essener TreuHandStelle für

Bergmannswohnstätten (THS), für die Neubauwohnungen. Bevorzugt wurden Familien, die eine enge Beziehung zur alten Siedlung haben. Der Zusammenhalt, der das alte Arbeiterquartier auszeichnet, sollte durch die Erweiterung nicht gefährdet werden.

Auch die Eheleute Mauthe sind alte Bekannte in der neuen Siedlung. Über ein Vierteljahrhundert bewohnten sie ein Reihenhaus im alten Teil von Fürst Hardenberg, der, parallel zum Neubau, umfassend renoviert wurde. „Wir hätten während der Renovierung ein Jahr lang in eine Übergangswohnung ziehen müssen; das wollten wir nicht", erzählt Siegmund Mauthe, ein ehemaliger Bergmann, dem man seine 76 Jahre nicht ansieht. „Außerdem wollten wir uns verkleinern. Zwei Kinderzimmer standen bei uns leer."

,Wohnen im Garten' – die Mietergemeinschaft in ihrem grünen Anger
Foto: Scholz

Nun bewohnen die Mauthes eines der kleineren neuen Reihenhäuser. Den Umzug nahmen sie zum Anlaß, sich noch einmal neue Möbel anzuschaffen. Die jüngste Tochter, Innenarchitektin von Beruf, half, das Haus nach den eigenen Wünschen umzugestalten. Das Bad zum Beispiel wurde vom Erdgeschoß in die erste Etage verlegt, direkt neben das Schlafzimmer. Das Wohnzimmer wurde dadurch geräumiger.

„Hier möchten wir nicht mehr weg!", sagt die 74jährige Ute Mauthe, die ebenfalls jünger wirkt. „Wo gibt's das denn", fragt ihr Mann begeistert, „daß man mit einem Wohnberechtigungsschein einen Bungalow hingestellt kriegt?" Mit der jungen Familie nebenan verstehen sie sich gut. „Wenn wir vom Einkaufen kommen, helfen die uns die Taschen tragen", erzählt Siegmund Mauthe. „Und wenn einer von uns stirbt, haben sie gesagt, geht der andere nicht ins Altersheim, den pflegen wir."

Inzwischen sei ihnen halb Lindenhorst „durch die Wohnung gelatscht". Darunter einige Leute, die während der Wartezeit abgesprungen sind und das nun bereuen. Alle hätten das Häuschen bewundert, vor allem auch, wie gut gedämmt es sei. „Unsere Nachbarn haben ihr Fernsehgerät direkt hier nebenan an der Wand stehen. Da hörste nix, gar nix!", sagt Siegmund Mauthe – und das liege nicht etwa daran, daß sie beide schwerhörig seien.

Ein paar Straßen weiter, in der Herrekestraße in der alten Siedlung, die einmal so etwas wie die Prachtstraße von Lindenhorst war, sitzt Manfred Raeck von der dortigen Mieterinteressengemeinschaft und sagt: „Ich finde die neue Siedlung sehr gewöhnungsbedürftig." Die Menschen in Fürst Hardenberg sind konservativ. Die architektonische und städtebauliche Geschlossenheit der Siedlung prägt auch das Bewußtsein.

Kein Wunder vielleicht, wenn sich in Jahrzehnten nichts verändert. Die jetzige Renovierung sei die erste seit dem Bau der Siedlung in den zwanziger Jahren, sagt Raeck, auch er ein ehemaliger Bergmann, der mit seiner Familie seit 21 Jahren eine Doppelhaushälfte bewohnt. Was nicht heißt, daß hier nie etwas erneuert wurde – die Mieter machten es selber. Die Ruhe hier, die weitläufigen Gärten, meint er, sei den meisten Mietern die Eigeninitiative wert.

Die meisten Bewohner leben seit ewigen Zeiten zusammen und kennen einander sehr gut. Fast keine Türken wohnen hier. Das habe nichts mit Ausländerfeindlichkeit zu tun, betont Raeck, sondern damit, daß hier selten eine Wohnung frei werde. Oder wie es der alte Siegmund Mauthe ausdrückt: „Die Häuser sind sozusagen in Familienbesitz. Erst wohnen die Kinder bei den Eltern, später die Eltern bei den Kindern."

Bei so viel Bodenständigkeit und Beharrungsvermögen wirkt der Bau einer neuen Teilsiedlung innerhalb des Quartiers fast schon wie ein Erdbeben – gelindert nur dadurch, daß man die meisten neuen Nachbarn kennt, die Eichenauers, die Mauthes und andere. Und nun versteht man auch, was die THS gemeint hat, als sie in den „Wohnbund-Informationen" über ihr Projekt schrieb: „Die Akzeptanz für eine bauliche Nachverdichtung innerhalb eines historisch gewachsenen Wohnbestandes ist nur in der praktizierten Weise möglich und sinnvoll."

ein Doppelhaus, zwei Nachbarn,
gemeinsamer Garten
Foto: THS

Volker Eichener
Soziales Management und Revitalisierung von Nachbarschaft
Eine Aufgabe moderner Wohnungswirtschaft

Die Daten aus den Städten der Welt, die von der Weltsiedlungsorganisation UNHCS-Habitat zusammengetragen werden, zeigen, daß die Bundesrepublik Deutschland international zu den Ländern mit der besten Wohnungsversorgung gehört.[1] In den deutschen Städten und Gemeinden ist das Qualitätsniveau der Wohnungsversorgung nicht nur besonders hoch, sondern auch vergleichsweise gleichmäßig. In kaum einem anderen Land wohnen auch die Bevölkerungsgruppen, die sich am unteren Ende der Einkommenspyramide befinden, so hochwertig. Großflächige Ghettos von sozialen Randgruppen oder Einwanderern, wie sie aus anderen Industrieländern bekannt sind, gibt es in deutschen Städten kaum. Selbst Quartiere wie das Frankfurter Bahnhofsviertel, Köln-Chorweiler oder Berlin-Kreuzberg haben bisher noch nicht das Ausmaß der Problemkonzentration erreicht, wie es in nordamerikanischen, britischen, französischen oder niederländischen Städten herrscht.

Der internationale Vergleich zeigt, daß drei Faktoren für die relativ günstige Wohnungsversorgung in Deutschland verantwortlich waren: *Erstens* ein leistungsfähiger Wohlfahrtsstaat, der vor allem in den sechziger und siebziger Jahren für einen relativ niedrigen Grad der sozialen Differenzierung verantwortlich war (,nivellierte Mittelstandsgesellschaft'). *Zweitens* der soziale Wohnungsbau mit seinem hohen Bauvolumen, dem hohen Qualitätsstandard, den relativ großzügigen Einkommensgrenzen, die nicht nur auf die Ärmsten der Armen, sondern auf die breiten Schichten des Volkes abzielten, und – auch – der Tolerierung von Fehlbelegung, die zusammengenommen für sozial ausgewogene Bewohnerstrukturen sorgten. *Drittens* schließlich ein starker, gemeinnützig orientierter Sektor in der Wohnungswirtschaft, zu dem kommunale und staatliche Wohnungsunternehmen, Wohnungsbaugenossenschaften, industrieverbundene und kirchliche Wohnungsunternehmen gehören.

Nach dem Zweiten Weltkrieg, als es galt, ein Wohnungsdefizit von 6 Millionen Wohnungen zu beseitigen, und zuletzt während der ,neuen Wohnungsnot', die sich Ende der achtziger, Anfang der neunziger Jahre einstellte, als niedrige Bauleistungen mit einer Einwanderungswelle von bis zu einer Million Menschen pro Jahr zusammentrafen, hatte der deutsche Wohnungsbau seine Leistungsfähigkeit im Hinblick auf die Produktionsmenge von Wohnraum unter Beweis gestellt.

Heute scheint das quantitative Versorgungsproblem gelöst. Neue Bauleistungsrekorde haben dafür gesorgt, daß es inzwischen fast überall genügend Wohnungen und in einigen Regionen, vor allem in den neuen Bundesländern, sogar zu viele Wohnungen gibt. Dennoch haben sich die Warteschlangen vor den städtischen Wohnungsämtern kaum verkürzt. Im Gegenteil, für bestimmte, am Wohnungsmarkt sozial benachteiligte Gruppen verschärfen sich sogar die Versorgungsprobleme. Eine Expertenbefragung der Wohnungsbauförderungsanstalt Nordrhein-Westfalen hat es erneut bestätigt: Während sich der Teilmarkt für Neubau- und Luxuswohnungen weiter entspannt, während Vermietungsschwierigkeiten auftreten und die Mieten zurückgehen, verschärfen sich die Engpässe bei den preiswerten Altbauwohnungen und bei den Sozialwohnungen des ersten Förderwegs noch.[2]

Der Wohnungsmarkt zeigt eine Strukturveränderung. Wir stellen eine zunehmende *Segmentierung und Polarisierung* des Wohnungsmarktes fest. Die Entspannung im oberen Marktsegment kommt nicht mehr dem unteren Marktsegment zugute. In dieser Segmentierung und Polarisierung des Woh-

nungsmarkes spiegeln sich gesellschaftliche und
wohnungspolitische Entwicklungen, die dazu führen könnten, daß Deutschland seine im internationalen Vergleich privilegierte Stellung bei der
Wohnungsversorgung bereits in wenigen Jahren
einbüßen wird.

Zum einen hat sich das Niveau sozialer Ungleich-
heit seit den siebziger Jahren dramatisch verschärft.
Seither öffnet sich die Schere zwischen Arm und
Reich wieder, stellen wir eine sozio-ökonomische
Polarisierung zwischen den oberen zwei Dritteln
der Gesellschaft, wo ein bisher nicht gekanntes
Wohlstandsniveau erreicht worden ist, und dem
unteren Drittel fest, wo sich Erwerbslosigkeit zu
neuer Armut verdichtet, wo einzelne Menschen und
ganze Familien immer häufiger in Abwärtsspiralen
aus Arbeitslosigkeit, Überschuldung, psycho-sozialen Problemen und im Extremfall Wohnungsverlust
geraten.

Zugleich zerbrechen traditionelle soziale Netze. Wir
beobachten eine Erosion von Familien- und Nach-
barschaftsstrukturen, einen Werteverfall bis hin zu
einer Verrohung der Gesellschaft, zunehmende
Anomie und Kriminalität. Der Prozeß der sozio-öko-
nomischen Polarisierung wird überlagert von einer
Individualisierung und Pluralisierung der Gesellschaft in Lebensstilgruppen, die ebenfalls immer
weiter auseinanderdriften. Immer neue Einwan-
derungswellen, die von keiner Integrationspolitik
begleitet werden, verschärfen die ethnische bzw.
kulturelle Differenzierung der Gesellschaft. Kurz-
um: Die sozialen Disparitäten nehmen zu. Wir
befinden uns auf dem Weg zu einer *fragmentierten
Gesellschaft*, in der Arm und Reich, Einwanderer

und Einheimische, unterschiedliche Lebensstilgruppen und Alterskohorten, gesellschaftlich Eta-
blierte und verschiedene Außenseitergruppen auseinanderdriften.[3]

Auf dem Wohnungsmarkt macht sich die gesellschaftliche Fragmentierung dadurch bemerkbar,
daß wir immer mehr und immer größere Problemgruppen antreffen, für die es immer schwerer wird,
eine bezahlbare Wohnung zu finden und Vermieter,
die bereit sind, ihnen eine Wohnung zu überlassen.
Eine eigene Untersuchung, die das InWIS in Dortmund durchgeführt hat, hat gezeigt, daß Ein-
kommensschwache, insbesondere einkommens-
schwache Familien, Arbeitslose, Überschuldete,
Alleinerziehende, Kinderreiche, Ausländer und Per-
sonen mit besonderen psycho-sozialen Problemen
heute zu den Problemgruppen auf dem Wohnungsmarkt gehören. Von den bei den Wohnungsämtern
gemeldeten Wohnungssuchenden mußten Ein-
personenhaushalte im Durchschnitt acht Monate
auf eine Wohnung warten, aber die Familien mit
drei oder mehr Kindern mit deutscher Staatsange-
hörigkeit 24 Monate und ausländische Kinderreiche
sogar 40 Monate![4]

Während sich die sozialen Probleme in der Gesellschaft verschärfen, droht nun auch ein Ende einer
sozial ausgleichenden Wohnungspolitik.

Obgleich der soziale Wohnungsbau Spitzenleistun-
gen erreicht hat, die aufgrund der finanzpolitischen
Engpässe in Zukunft nicht mehr gehalten werden
können, hat sich die Zahl der Sozialwohnungen
in den vergangenen zehn Jahren in Nordrhein-
Westfalen um 30 Prozent verringert. Die Zahl der
Wohnungssuchenden pro 100 Sozialwohnungen

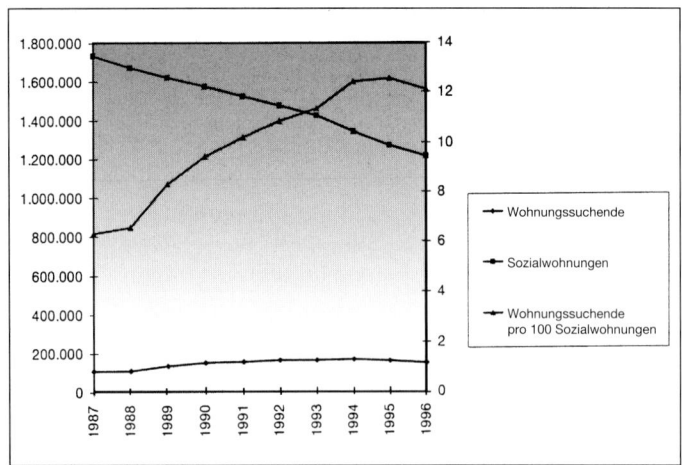
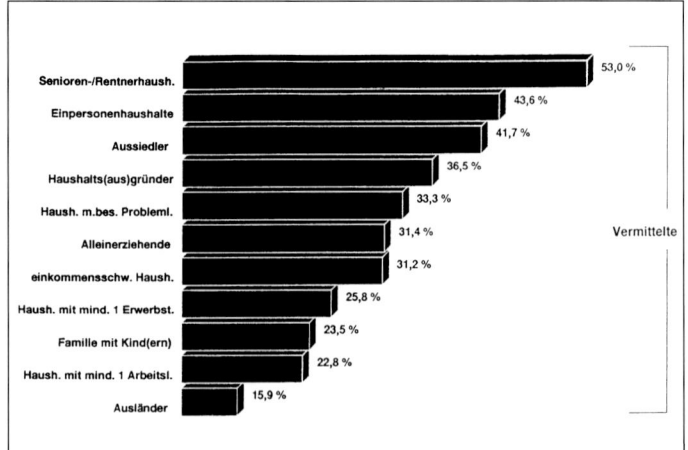

hat sich in diesem Zeitraum fast verdoppelt. Man rechnet mit einer weiteren Halbierung des Sozialwohnungsbestands in den nächsten zehn bis zwölf Jahren, selbst wenn der Neubau weiterhin auf hohem Niveau vorangetrieben werden sollte.

Wenn der öffentlich gebundene Wohnungsbestand immer kleiner wird, zugleich aber die Problemgruppen, die sich auf dem freien Wohnungsmarkt nicht versorgen können, immer größer werden, dann muß es zwangsläufig zur Konzentration von Problemgruppen auf bestimmte Bestände und damit auch zur sozialräumlichen Segregation dieser Gruppen in bestimmten Wohnquartieren und Stadtteilen kommen, die in entspannten Wohnungsmarktsituationen eine besondere Dynamik entfaltet, weil sozial stärkere Haushalte die Wohngebiete verlassen, wenn der Anteil von gesellschaftlichen Außenseitergruppen in den Nachbarschaften zu hoch wird und weitere Angehörige von Randgruppen eingewiesen werden. Wir kennen kommunale Wohnungsunternehmen, bei denen der Ausländeranteil an den Neuvermietungen über 30 Prozent beträgt und der Anteil der Sozialhilfeempfänger gleichermaßen hoch ist. Dadurch ist eine Ghettobildung mit allen Folgen für Schulen, Kindergärten, soziale Konflikte und Kriminalitätsentwicklung vorprogrammiert. Viele Experten sprechen bereits von der ‚Amerikanisierung‘ der Stadtentwicklung.[5]

Die sozialräumliche Segregation der verschiedenen Bevölkerungsgruppen, und insbesondere die Konzentration von Menschen, die von besonderen Problemen und/oder Diskriminierungen betroffen sind, wiegt um so schwerer, als wir eine Erosion der sozialen Beziehungen in unseren Wohnquartieren ebenso wie der Stadtteilkultur feststellen. Das gesellschaftliche Engagement in stadtteilnahen Organisationen – Kirchengemeinden, Sportvereinen, Wohlfahrtsverbänden, Ortsvereinen von Parteien und Gewerkschaften – läßt spürbar nach. Im Zuge der voranschreitenden Urbanität im Sinne einer Polarisierung von Öffentlichkeit und Privatheit (Hans Paul Bahrdt) verlieren Nachbarschaft und Wohnumfeld an Bedeutung als soziale Räume. Das soziale Leben wird einerseits immer mehr in die neuen Einkaufs-, Freizeit- und Erlebniszentren verlagert, andererseits zieht man sich auf die eigene Wohnung zurück, in die man sich einspinnt wie in einen Kokon („Cocooning" sagen amerikanische Marktforscher dazu) und die durch *home-* und *tele-services* auch immer besser versorgt wird.

Mit dieser Erosion von Stadtteilbindung und bürgerschaftlichem Engagement geht auch *soziales Kapital* verloren, das dringend benötigt würde, um die Probleme zu bewältigen, die aus gesellschaftlicher Fragmentierung und sozialräumlicher Segregation erwachsen. Denn während der Problemdruck in unseren Städten ständig zunimmt, büßt der zunehmenden finanziellen Restriktionen unterworfene Wohlfahrtsstaat seine Leistungsfähigkeit genau dann ein, wenn er am stärksten gefordert wäre. Dabei existiert ein merkwürdiges Paradox von gesellschaftlichem Reichtum und öffentlicher Armut. Während Staat und Kommunen an notorisch knappen Kassen kranken, verfügen die privaten Haushalte – zumindest die oberen zwei Drittel – über ein enormes Potential an ökonomischen und gesell-

Diagramm links außen:
Sozialwohnungen in Nordrhein-Westfalen
(Quelle: Wohnungsbauförderungsanstalt NRW)

Diagramm links:
Vermittlungschancen von Wohnungssuchenden
(Quelle: InWIS Bochum)

Diagramm rechts:
Warte- und Vermittlungszeiten von Wohnungssuchenden
deutscher und ausländischer Nationalität
(Quelle: InWIS Bochum)

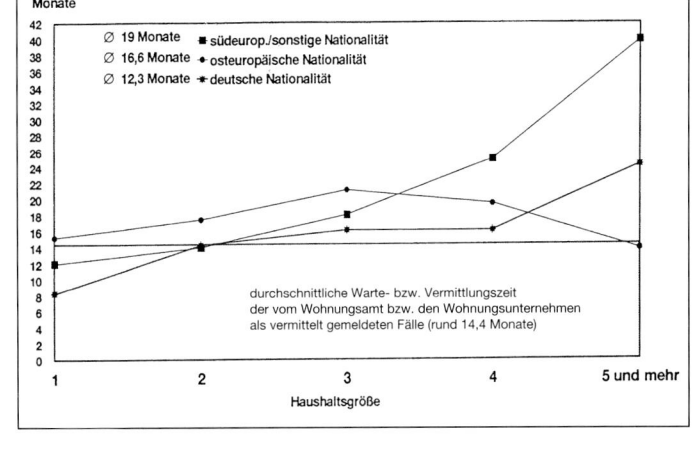

Monate

∅ 19 Monate — südeurop./sonstige Nationalität
∅ 16,6 Monate — osteuropäische Nationalität
∅ 12,3 Monate — deutsche Nationalität

durchschnittliche Warte- bzw. Vermittlungszeit
der vom Wohnungsamt bzw. den Wohnungsunternehmen
als vermittelt gemeldeten Fälle (rund 14,4 Monate)

Haushaltsgröße

1   2   3   4   5 und mehr

schaftlichen Ressourcen: Einkommen, Wohlstand, Freizeit, Qualifikation und Beziehungen. Der Schlüssel zur Lösung der gesellschaftlichen Probleme kann nur darin liegen, einen Teil dieser gesellschaftlichen Ressourcen zu mobilisieren und wieder den *sozialen Kitt* herzustellen, den wir brauchen, damit die sozialen Gemeinschaften in unseren Wohngebieten nicht vollends auseinanderbrechen.[6]

Wenn die sozialen Probleme zunehmen, wenn die Wohnungspolitik ihre sozial ausgleichende Funktion nicht mehr wahrnehmen kann, müssen wir uns auf die dritte Ressource stützen, die für das in den vergangenen Jahrzehnten erreichte hohe Niveau der Wohnungsversorgung verantwortlich gewesen ist: die sozial verantwortlich handelnde Wohnungswirtschaft.

Die Wohnungsunternehmen spüren den wachsenden Problemdruck unmittelbar. Sie sind betroffen von Mietausfällen, von Verwahrlosung und von hohem Instandsetzungsaufwand für vandalismusbedingte Schäden an Wohnungen und Gebäuden, von Beschwerden der Nachbarn über unangemessenes Wohnverhalten, von hoher Fluktuation in Beständen mit hoher Problemkonzentration, von Wohnungsleerständen in Gebieten mit unattraktivem städtebaulichen und sozialen Wohnumfeld.

Die ersten Wohnungsunternehmen haben inzwischen erkannt, daß es heute und in Zukunft nicht mehr ausreicht, lediglich Wohnungen anzubieten, sondern daß sich neben das technische und kaufmännische Wohnungsmanagement auch ein soziales Management gesellen müsse[7], mit dem das Ziel verfolgt wird, neben dem bloßen Dach über

dem Kopf auch eine ‚Software‘ aus sozialen Dienstleistungen anzubieten, aus sozialen Diensten, die in immer größerem Umfang benötigt werden, zugleich aber auch immer weniger von Familien und von der öffentlichen Hand erbracht werden können.

Wir benötigen in den Wohnquartieren soziale Dienstleistungen
• für ältere Menschen und insbesondere für die wachsende Zahl Hochbetagter, um eine selbständige Lebensführung auch dann noch aufrecht zu erhalten, wenn körperliche oder geistige Einschränkungen auftreten;
• für Familien und Alleinerziehende, die inzwischen 7 Prozent aller Haushalte und ein Viertel aller Haushalte, die überhaupt minderjährige Kinder haben, stellen, die Kinderbetreuung, Hausaufgabenhilfe und Nachhilfeunterricht, Spiel- und Freizeitangebote – auch für heranwachsende Jugendliche – und vielfach auch Hilfen im Haushalt benötigen;
• für Arbeitslose, denen Beschäftigungs-, Qualifizierungs- und soziale Stabilisierungsmöglichkeiten geboten werden müssen;
• für sozial Schwache, die Beratung und Unterstützung bei Behördenangelegenheiten, bei Mietschulden und finanziellen Schwierigkeiten, aber auch sozialpädagogische Hilfen bei psychosozialen Problemen benötigen;
• für Ausländer und Deutsche, die Gelegenheiten der Begegnung brauchen, um Vorurteile abbauen und die Verhaltenserwartungen der jeweils anderen Kultur kennenlernen zu können.

Wir brauchen eine Revitalisierung der sozialen

Bewohner und
Nachbarschaftshelfer
an der Rheinstahlstraße
vor einem der
Gemeinschaftsräume
Foto: Vollmer

Beziehungen in den Wohngebieten, wir müssen den *sozialen Kitt* wiederherstellen, der das Gemeinwesen zusammenhält.

Wie lassen sich solche sozialen Dienste organisieren, wie läßt sich der *soziale Kitt* herstellen? Dazu lassen sich in der Wohnungswirtschaft verschiedene Ansätze finden:

• *Mietschuldenberatung.* Mietschuldenberatung ist häufig der erste Einstieg in das soziale Management, weil hier der wirtschaftliche Bezug offensichtlich ist. Ein Sozialarbeiter, der Mietschuldner berät und dabei auch sozialpädagogische Hilfen vermittelt, um an die Wurzeln für die finanziellen Probleme zu kommen, bringt dem Unternehmen in der Regel ein Vielfaches der Kosten, die es für ihn aufwenden muß. Die GSW Berlin hat beispielsweise die Zahl der außerordentlich kostenintensiven Zwangsräumungen durch die Einführung einer Mietschuldenberatung um 90 Prozent senken können.

• *Soziales Management für bestimmte Gruppen.* Einige Wohnungsunternehmen, namentlich Wohnungsgenossenschaften, haben Altenbetreuerinnen eingestellt, die Hausbesuche bei älteren Mieterinnen und Mietern machen, nach dem rechten sehen, beraten, Anträge ausfüllen und im Bedarfsfall weitergehende Hilfen vermitteln. Häufig als soziale Leistung gegenüber den Mitgliedern intendiert, rechnen sich die Aufwendungen für die Betreuung sogar, wie die Genossenschaften feststellen, weil die Kosten für Fluktuation, Instandsetzung und Mietausfälle zurückgehen.

• *Streetwork.* In besonders problematischen Situationen (etwa in Hamburg-Steilshoop) konnten Konflikte, Gewalt und Vandalismus durch eine eigene Straßensozialarbeit des Wohnungsunternehmens reduziert werden. Dabei haben sich Ideen wie der Selbstausbau von Jugendhütten, Graffiti-Wettbewerbe auf bereitgestellten Flächen oder Streetball-Aktionen bewährt, bei denen sich insbesondere Hamburger SAGA, das größte kommunale Wohnungsunternehmen in Hamburg, einen Namen gemacht hat.

• *Beschäftigungsprojekte.* Gerade arbeitslose Jugendliche weisen hohe Aggressionspotentiale auf. Sie bedürfen der Beschäftigung, der Vermittlung von basalen Arbeitstugenden (Teamfähigkeit, Selbstdisziplin etc.), der psycho-sozialen Stabilisierung. Einige Wohnungsunternehmen haben gute Erfahrungen damit gemacht, in ihren Wohngebieten, gegebenenfalls in Zusammenarbeit mit einem sozialen Träger, Beschäftigungsprojekte – Zweiradwerkstätten, Möbelrecycling, Gebäuderenovierung, Garten- und Landschaftsbau, Mietercafés, Kindertagesstätten etc. – anzukurbeln und zu realisieren, mit denen häufig auch das Dienstleistungsangebot im Wohngebiet verbessert wird.

• *Sozio-kulturelle Stadtteilzentren.* Sozio-kulturelle Zentren sind Kristallisationskerne für soziale Beziehungen im Stadtteil, an denen sich *sozialer Kitt* bilden kann. Sie bieten Kommunikationsmöglichkeiten, soziale Betreuungsmaßnahmen, Freizeit- und Kulturangebote für verschiedene Alters- und Bevölkerungsgruppen und können deshalb sozial

Kinder an einem
von ihnen mitge-
stalteten Spielplatz
in der Siedlung an
der Rheinstahlstraße
Foto: Scholz

integrativ wirken. Auch wenn solche Zentren aufwendig sind: Die Wohnungsgesellschaft Glückauf, die in Lünen-Brambauer bereits seit Anfang der achtziger Jahre den aus einem Forschungsprojekt über die Wohnsituation ausländischer und deutscher Bergarbeiter hervorgegangenen ‚Treffpunkt Konradplatz‘ betreibt, weist signifikant bessere Vermietungsdaten auf als vergleichbare andere Wohnungsbestände. Die Wohnungsgenossenschaft in Hoyerswerda hat, seitdem sie einen Nachbarschaftstreff mit ähnlichem Angebot eingerichtet hat, die Leerstandsquote im benachbarten Block von 28 Prozent auf Null gesenkt.

• *Nachbarschaftshilfevereine.* Die Freie Scholle in Bielefeld ist bundesweit als Pionier für Nachbarschaftshilfevereine bekannt geworden, die beträchtliche Ressourcen für soziale Dienstleistungen im Wohngebiet mobilisieren können, indem sie eine große Zahl von Mietern mit durchaus bescheidenen Einzelbeiträgen und Sponsoren mit größeren Spenden zum Wohle des Wohnungsbestandes organisieren. Auch die Sozialbaukompetenz setzt mit der Gründung einer Stiftung, die soziale Aktionen finanziert, auf privates *Sponsoring.*

• *Semiprofessionelle beziehungsweise halbehrenamtliche Nachbarschaftshilfe.* Viele dringend benötigte soziale Dienstleistungen können wir nicht finanzieren, wenn wir sie professionell anbieten, zu Tariflöhnen plus Sozialversicherungsabgaben und Umsatzsteuer. Andererseits können wir heute auch nicht mehr erwarten, daß sich die Menschen für reinen ‚Gotteslohn‘ engagieren. Dazwischen liegt

ein semiprofessionelles Engagement, bei dem der Einsatz auch durch ein zumindest symbolisches Entgelt honoriert wird. Eine Lösung sind ehrenamtlich tätige Nachbarschaftshelfer, die qualifiziert und angeleitet werden und zur Stabilisierung ihrer Motivation und Deckung ihrer Mehraufwendungen eine geringe Aufwandsentschädigung (100 bis 200 DM pro Monat) erhalten. Durch semiprofessionelle Kräfte, zu denen auch das Hausmeisterehepaar zählt, das eine Altenwohnanlage betreut und dafür mietfrei wohnt, können auch soziale Dienste angeboten werden, die mit vollbezahlten Kräften nicht finanzierbar wären.

• *Gemeinschaftliche Projekte.* Das traditionelle Ehrenamt ist mit den modernen Lebensstilen und Zeitrhythmen kaum noch vereinbar und geht deshalb zurück. Das heißt nicht, daß die Menschen überhaupt nicht mehr bereit wären, sich zu engagieren. Sie benötigen aber für ihr Engagement die entsprechende Form. Gemeinschaftliche Projekte, die an einem konkreten Problem ansetzen, einmalig oder befristet sind, unmittelbaren Erfolg versprechen und dabei auch noch Spaß machen, treffen eher das moderne Lebensgefühl, stiften Identität und Kohäsion. Beispiele für solche Projekte sind Wochenendaktionen zur Wohnumfeldgestaltung, zum Bau von Spielplätzen, Biotopen oder Nachbarschaftstreffs.

• *Tauschringe.* Die ernüchternde Erfahrung ist, daß Menschen vielfach nur noch dann bereit sind, Hilfe zu leisten, wenn das Verhältnis von Leistung und Gegenleistung stimmt. Die Qualifikationen und Po

89

tentiale für Leistungen, die der einzelne erbringen kann, sind sehr unterschiedlich, und es lassen sich nur selten Paare von Haushalten finden, die sich gegenseitig unterstützen. Beim Modell des Tausch-rings erfolgt die Hilfe nach dem Prinzip der *indirek-ten* Gegenseitigkeit. Es geht davon aus, daß viele Menschen sehr unterschiedliche Leistungen an-bieten und nachfragen: Einige können Kinder be-treuen, andere Wasserhähne reparieren, dritte Nachhilfeunterricht erteilen, andere wieder den Rasen mähen, alten Menschen Einkäufe abnehmen etc. In Tauschringen gibt es eine Vermittlung von Nachfragen nach solchen Diensten und entspre-chenden Angeboten. Tauschringe benötigen eine Vermittlungszentrale, die Punktekonten führt und Angebot und Nachfrage koordiniert, dazu eine Art Anzeigenblatt, das nach Rubriken klassifizierte An-gebote und Nachfragen auflistet. Wer eine Leistung erbringt, erhält dafür vom Leistungsempfänger eine Art Gutschein oder Punkte, die sich wiederum bei einem Dritten einlösen lassen. Das System funktio-niert ohne Geld, aber dennoch marktähnlich, auch im Generationenvertrag, wie beispielsweise bei den Seniorengenossenschaften (etwa im baden-würt-tembergischen Köngen), bei denen die rüstigen Älteren Leistungen für die gebrechlichen erbringen und dafür Anwartschaften erwerben, selber Lei-stungen zu empfangen, wenn sie später einmal weniger beweglich sein werden.

Das Tauschring-Modell ist in Kanada entwickelt worden, in einer kleinen Stadt, die von hoher Arbeitslosigkeit betroffen war. Es hat sich über ganz Nordamerika ausgebreitet, findet in den Nieder-landen weite Verbreitung und wird inzwischen auch in einigen ost- und westdeutschen Städten an-geboten. Die ersten Wohnungsunternehmen sind dabei, solche Tauschringe zu organisieren, bei-spielsweise die Glückauf-Wohnungsbaugesellschaft in Lünen.

Einige dieser Maßnahmen rechnen sich betriebs-wirtschaftlich über eingesparte Kosten und/oder höhere Erträge. Bei anderen lassen sich die wirt-schaftlichen Effekte zwar nicht buchhalterisch erfassen, die Unternehmen weisen aber in den ent-sprechenden Beständen signifikant bessere betriebs-wirtschaftliche Daten auf als in anderen, vergleich-baren Beständen. Wieder andere Unternehmen bieten soziale Dienstleistungen im Rahmen einer sozialen Verpflichtung ihrem Kapitaleigner oder ihrer Mitgliedschaft gegenüber an.

Allerdings darf nicht übersehen werden, daß das *shareholder value*-Prinzip, das auch in der Woh-nungswirtschaft zunehmend Einzug hält, die Spiel-räume für soziale Experimente und Innovationen verringert, wenn jede unternehmerische Maßnah-me im Hinblick auf ihre Rentierlichkeit berechnet werden muß. Um so wichtiger erscheint es, daß ein sozial verantwortlicher Sektor in der Wohnungs-wirtschaft erhalten wird.

Die gemeinnützig orientierten Wohnungsunter-nehmen sind in mehreren Gründungswellen – zur Mitte und zum Ende des 19. Jahrhunderts, nach dem Ersten und nach dem Zweiten Weltkrieg – ge-schaffen worden, um auf ein sozial- und wohnungs-politisches Problem zu reagieren. So mühsam es angesichts des hohen Kapitalbedarfs gewesen war, die kommunalen, staatlichen und genossenschaft-lichen Wohnungsunternehmen aufzubauen, so erfolgreich war die Wohnungswirtschaft in den letzten Jahrzehnten. In den sechziger, siebziger, achtziger und neunziger Jahren ist in der Woh-nungswirtschaft ein soziales Kapital aufgebaut wor-den, das jetzt allerdings angesichts der Privatisie-rungsabsichten der öffentlichen Hand leichtfertig aus der Hand gegeben zu werden droht, um aktuel-le Haushaltslöcher zu stopfen.

Die Situation ist paradox: Gerade jetzt, wo der öffentlich gebundene Wohnungsbestand so stark schrumpft und gleichzeitig der sozial-, wohnungs- und städtebauliche Problemdruck zunimmt, geben

Staat und Kommunen das wohnungspolitische Instrument aus der Hand, das einst unter großen Mühen geschaffen worden war, um ähnliche Probleme zu lösen. Schon heute sind die kommunalen Wohnungsunternehmen Hauptträger der Kooperationen zur Versorgung wohnungspolitischer Problemgruppen. Eine von Mitte 1997 bis Ende 1998 laufende Untersuchung des InWIS im Auftrag des Bundesbauministeriums zeigt, daß die kommunalen Wohnungsunternehmen in den meisten Städten sogar die einzigen Unternehmen sind, die über die bestehenden Belegungsrechte hinaus freiwillige Versorgungsverpflichtungen übernehmen. Bei einer Veräußerung oder bereits auch dann, wenn die Kommune ihr Unternehmen dem *shareholder value*-Prinzip unterwirft, wird diese Kooperationsbereitschaft mit großer Wahrscheinlichkeit enden. Fraglich ist auch, ob dann auch noch ein soziales Management erwartet werden kann.

Heute finden wir die innovativsten und im sozialen Management aktivsten Wohnungsunternehmen unter denjenigen Unternehmen, die im Rahmen einer sozialen Verantwortung auch Maßnahmen durchführen können, deren Rentierlichkeit sich nicht als *discounted cash flow* darstellen läßt: unter Wohnungsgenossenschaften, den industrieverbundenen, kirchlichen, kommunalen und staatlichen Wohnungsunternehmen. Interessanterweise sind diese Unternehmen auch wirtschaftlich erfolgreich.

Ihre Aktivitäten im sozialen Management tragen dazu bei, die öffentliche Hand zu entlasten. Es wäre klug, die Potentiale, die eine sozial orientierte Wohnungswirtschaft bietet, für die Bewältigung der wohnungspolitischen, sozialpolitischen und stadtentwicklungspolitischen Herausforderungen zu instrumentalisieren, anstatt mit den Verkaufserlösen Haushaltslöcher zu stopfen, die doch immer wieder neu aufgerissen werden, wenn sich die Folgeprobleme von Polarisierung und Segregation in erhöhtem Sozialaufwand niederschlagen.

Anmerkungen

1 United Nations Commission on Urban Settlements (Habitat), The Global Urban Observatory. Preliminary Analysis of the Global Urban Indicators Database, Manuskript, Nairobi 1998

2 Wohnungsbauförderungsanstalt Nordrhein-Westfalen, Wohnungsmarktbeobachtung in Nordrhein-Westfalen, Düsseldorf 1997

3 Heinze, Rolf G., Die blockierte Gesellschaft, Opladen/Wiesbaden (Westdeutscher Verlag) 1998; Heitmeyer, Wilhelm, Rainer Dollase, Otto Backes (Hg.), Die Krise der Städte. Analysen zu den Folgen desintegrativer Stadtentwicklung für das ethnisch-kulturelle Zusammenleben, Frankfurt am Main (Suhrkamp) 1998

4 Berendt, Ulrike, Volker Eichener, Regina Höbel, Ute Schüwer, Vermittlungschancen verschiedener Gruppen von Wohnungssuchenden. InWIS-Bericht 19, Bochum 1996

5 Brühl, Hasso, Claus-Peter Echter, Entmischung im Bestand an Sozialwohnungen – Steuerungsmöglichkeiten der kommunalen Wohnungspolitik, Berlin: Schriftenreihe des Deutschen Instituts für Urbanistik, Materialien 5/98, Berlin 1998

6 Die Bedeutung von *sozialem Kapital* und *sozialem Kitt* für funktionierende Gemeinwesen wird in der US-amerikanischen Debatte als Reaktion auf die Probleme der Stadtentwicklung hervorgehoben. Vgl. Housing Policy Debate, Bd. 9, Nr. 1 (1998), sowie Putnam, Robert D., Bowling Alone. America's Declining Social Capital, in: Journal of Democracy, Bd. 6 (1995), S. 65–78

7 Buchsteeg, Mathias, Volker Eichener, Wohnungsmanagement 2000. InWIS-Bericht 2, Bochum 1995

Beatrix Novy
Euphorie und Normalität nachbarschaftlicher Gemeinschaftsprojekte
Geschichten aus drei Siedlungen

Der Garten, den die Bewohner der kleinen Siedlung ‚Grabeland' nennen, gibt der Anlage einen Hauch altmodisch-ländlicher Nutzung, wie er für alte Siedlungen charakteristisch ist. Beete mit Gemüsepflanzen, Stauden, niedrige Büsche, alles gepflegt, aber nicht übergepflegt, mit anderen Worten: ein hübscher Anblick. Kein Zufall, sagt Doris K., eine ehemalige Bewohnerin, über dieses Grabeland haben sich alle hier noch einmal intensiv verständigt, das lag ihnen am Herzen, man diskutierte, verteilte Parzellen ... hier steckt noch Herzblut drin.

Am anderen Ende der Grünfläche liegt das Kinder-Areal. Hier, zwischen Spielgeräten und Sandkasten, hat schon länger keiner mehr aufgeräumt oder Gras gezupft; und das Grün in der Mitte wirkt dort, wo die privat gepflegten Abteile aufhören, ein bißchen sich selbst überlassen. Der kleine Pfad mittendrin wird sichtlich als Durchgangsweg genutzt.

‚Alternatives Wohnen': Eine noch etwas diffuse Vorstellung lag über dem allerersten Treffen von etwa 35 Leuten – Wohnungsinteressenten, Verbände aus dem Stadtteil, mögliche Architektinnen, IBA-Vertreter. Es war überhaupt eines der ersten IBA-Projekte dieser Art, und die Erwartungen waren hoch. Ironisch zusammengefaßt mögen sie so ausgesehen haben: Ausgegrenzte aller Länder, zieht hier ein. Der Anspruch, Alleinerziehende, Ausländer, Arbeitslose und Alte in einem Projekt gegenseitiger Unterstützung zusammenzubringen, wurde bald auf Menschenmaß reduziert; übrig blieb ein Schwerpunkt: ‚Alleinerziehende'. Das schloß in vielen Fällen Arbeitslosigkeit ein. Aber die Berufstätigkeit der Frauen in der Siedlung hat im Lauf der Jahre zugenommen. Und es gab eine Zeit, da die Aktiven in der Gruppe ihre Mitbewohnerinnen zu Ämtern und Umschulungskursen begleiteten, eine Zeit, in der einzelne durch die Anforderungen des Gruppenprozesses Kompetenz erwerben, sich freischwimmen konnten und die Gemeinschaft funktionierte.

Die Siedlung, entworfen von Ursula Ringleben und Christa Reicher, liegt an der belebten Herner Straße, an der Einfahrt des Stadtteils Recklinghausen-Süd: eine Längszeile, die mit klaren vertikalen Formen, Wintergärten und freundlichen Farben schon viel sagt über den Luxus einer einfachen, durchdachten Architektur, und ein Querhaus mit den Wohnungen, die von vornherein als ‚Frauenhaus 2. Stufe' eingeplant waren, reserviert also für Frauen, die wieder selbständig leben wollen. Die Häuserzeile zur Straße hin ist geschlossen bis auf den Eingang: Kein Tor wie in den alten Siedlungen, nicht mal ein Bogen, der etwas Geschlossenheit signalisiert; dieses ungestaltete Loch gibt der Anlage etwas Schutzloses. Straßenlärm dringt herein. Mit Büschen und höheren Bäumen hätten die Bewohnerinnen den Eingang ein wenig markieren, die Siedlung von der Straße abgrenzen wollen, erzählt Kerstin Siemonsen vom WohnBund, aber – die Kosten. In puncto Geld habe die Wohnungsgesellschaft das Modellprojekt etwas zu wenig modellhaft behandelt.

Zur Innenseite hin ist der Hof begrenzt von einer Lagerhalle (die, glücklicher Zufall, von einem Siedlungsbewohner genutzt wird) und vom Gemeinschaftshaus. Seit einem Jahr, sagt Janine Pel, Be-

wohnerin und langjährige Aktivistin, sei dieses Haus praktisch nicht genutzt worden: Der Schlüssel liegt bei der Wohnungsgesellschaft, nicht bei einer der Bewohnerinnen. Auf die Euphorie der Anfangszeit folgte schnell die Normalität des Alltags. Die Zeiten, da alle hier an einem Strang zogen, sind vorbei – vorerst. „Das fing schon damit an, daß die Planungsphase sich zu lang hinzog", erklärt Janine Pel. In der Zeit sind viele abgesprungen. Die Siedlung hat seither überhaupt viel Fluktuation verkraften müssen.

Über Jahre hatte die Gruppe mühsam ihre Streit- und Kompromißformen aufgebaut und war dann doch überfordert. „Wir waren ja Laien. Wir kannten uns nicht aus mit Regeln, schon gar nicht mit Satzungen und dergleichen", meint Doris K., die heute woanders wohnt und sogar „froh ist, der Siedlung entkommen zu sein" – sie, die jahrelang Anschläge ans Schwarze Brett machte, die monatlichen Mieterversammlungen ebenso organisierte wie gesellige Treffs. Das ist versiegt. „Schon beim Einzug", erinnert sich Doris K. „gab es Konflikte" – die typischen dummen Nachbarschaftsquerelen um geputzte Flure und Lärm. „Während wir uns noch gegenseitig den Kaffee gebracht haben, wurde im Haus nebenan schon gestritten."

Es war nun mal so, daß unter den neu zugezogenen Mietern nicht alle Feuer und Flamme für die Gemeinschaftsidee waren. Mit Bitterkeit schauen die Alt-Aktivistinnen ins von Koniferen abgeschottete Lager einer besonders hartnäckig privatisierenden Familie. Hat man sie auf den kollektiven Aspekt der Siedlung gar nicht groß hingewiesen, ist der Wohnungsgesellschaft bei der Belegung die Luft ausgegangen, die man fürs Engagement in so einem Projekt braucht? Jedenfalls ist die Bewohnerschaft heute mehrfach gespalten, sagt Janine Pel: in die Garnichtkümmerer, die neutralen Beobachter, die Engagierten, die sich auch untereinander nicht ganz grün sind. Kein Wunder, daß das Gemeinschaftshaus zur Zeit nicht genutzt wird – und das könnte zum Teufelskreis werden. Im Gegensatz zu manchen anderen Siedlungen hat das Projekt keine finanzielle Starthilfe für die Einrichtung bekommen und muß die Kosten heute selbst aufbringen – aber wovon, wenn hier keine Feten mehr gefeiert werden?

„Was fehlte, war ein durchgängiges Beteiligungskonzept", sagt Kerstin Siemonsen heute, ein nach allen Seiten verbindliches vor allem. Viel Engagement der Bewohner ging einfach ins Leere. Bei Streitfragen wurden 36 Mieter einzeln von der

Wohnungen, Gemeinschaftshaus, Hof – ‚Alternatives Wohnen' in Recklinghausen-Süd
Foto: Lippsmeier

Wohnungsgesellschaft angeschrieben – und der Mieterrat als Vertretung nicht ernstgenommen. Eine Siedlung mit hohem sozialem Anspruch paßt eben nur höchst ungenau ins Schema der üblichen bürokratischen Abläufe einer Wohnungsgesellschaft. So stand die Gruppe einerseits mit ihren Problemen oft allein da – „reingeschmissen" ins Geschehen fühlte sich Doris K. –, andererseits traute man ihr, indem man eine ausgesprochene Problemfamilie aufnahm, überirdische therapeutische Fähigkeiten zu.

Gescheitert, das Ganze? Aber was ist mit den guten Grundrissen, den schönen baulichen Details? Da sind die Engagierten unter den Neuzugezogenen, vor allem die alleinerziehenden Väter; die älteren Leute, die sich immer ganz gern um die Kinder gekümmert haben, auch wenn sie dann wieder über sie schimpfen. Noch wissen die Leute in Recklinghausen-Süd nicht so genau, ob sie das Projekt als ‚Tor zur Südstadt' für eine Stadtteilverbesserung halten, die sie sein sollte; aber die Siedlung wird von außen als feste Einheit wahrgenommen. Sie ist etwas Besonderes. Und ganz sind sie ja nicht verschwunden, die spezifischen Vorteile des Gruppenwohnens: spontaner Kontakt, den man nicht lange planen muß, Kinder, die im Rudel aufwachsen und immer irgendwohin können. Von der Anonymität normalen städtischen Wohnens zur Miete ist dieser Zustand immer noch um einiges entfernt.

*

„Frauenfreundlich", sagt Frau S., „sind hier auf jeden Fall die Treppenhäuser." Keine dunklen Ecken, alles ist von außen gut einzusehen. Nicht frauenfreundlich sind die fehlenden Abstellplätze für Kinderwagen: seltsam bei einem Projekt, das ‚Frauen planen und bauen' heißt und bei dem die Mieter, meist junge Familien, von Anfang an Mitspracherecht hatten. „Aber wer schafft das schon, sich im voraus alles genau vorzustellen?", fragt Frau S., die jetzt den Kinderwagen wahlweise draußen lassen oder in die Wohnung schleppen muß – solange, bis eine Lösung gefunden ist: An so einer Lösung wird nach Auskunft der städtischen Beauftragten, Frau Reumke, gearbeitet. Ein Autostellplatz wird halt dran glauben müssen, und da habe man sich noch nicht einigen können, sagt sie. Das Problem der Abstellplätze werde man schon noch lösen können; leider ist es nicht das einzige.

Die Oberlichter, stöhnt Frau S., die Oberlichter im zwei Etagen hohen Mittelraum belichten zwar sehr schön, aber wie kommt man da ran, zum Putzen? Auch die feststehende Fensterhälfte in der Küche ärgert sie, aber sonst hat Frau S. nichts zu bemängeln an der Architektur der beiden hintereinander liegenden Hauszeilen mit insgesamt 28 Mietwohnungen in Bergkamen. Es ist so geworden, wie es sein sollte: Gleich große Zimmer, zwei Bäder, die großen Küche, in der das Familienleben sich abspielt, Abstellraum, Balkon und Dachgarten. Auch die Wohnung von Frau S. hat zwei Etagen und zwei Eingänge. Jede Partei hat entweder ein Stück Garten oder eine Dachterrasse, je nach Lage, in der

„Ein Zug von Offen-
heit und Toleranz" –
Wohnprojekt
Bergkamen
Foto: Vollmer

Mitte liegen die Balkone. Geschickt sind die geo-
graphischen Bedingungen für eine Ästhetik der
Nutzbarkeit eingesetzt worden: Unter den Stützen,
die einen Gebäudeteil über einen abfallenden Hang
führen, befinden sich Autostellplätze. Der ganze
Komplex wirkt sehr offen, sozusagen weltzuge-
wandt. Der Weg, der hindurchführt, hat noch etwas
Undefiniertes, wie die ganze Gegend drumherum:
Die wird erst seit wenigen Jahren richtig erschlossen. Hier gibt es zwar vom Gymnasium über den
Busbahnhof bis zur Tagesstätte alles in der nächsten Umgebung, aber ein städtisches Gefüge ist
noch nicht herausgekommen. „Das Projekt war das
erste im Rahmen der Stadtmittebildung, jetzt steht
es da, Baustellen rundum. Das macht zu schaffen,
diese Lage", sagt Frau Reumke vom Planungsamt
der Stadt Bergkamen, und Frau S. findet „die Lage"
einfach nicht gut: „Und dafür, ehrlich, sind die
Wohnungen zu teuer."
Das haben auch andere vor ihr gedacht und die
(Sozial-)Miete als zu hoch empfunden selbst für die
Vorteile, die dieses Projekt doch hat und die, wie
Frau Reumke sagt, „Standard werden sollten":
Nachbarschaft, gegenseitige Hilfe, flexible Wohn-
möglichkeiten, kein Autoverkehr, Kinderbetreuung,

gemeinsame Nutzung von Außenanlagen, Gästewohnung, Partyraum. Zu all dem hatte sich die Be-
wohnergruppe der ersten Stunde, zu der auch Frau
S. gehörte, bekannt, wenn sie sich traf. Das war die
Zeit, als alle sich kennenlernten, eine schöne Zeit,
an die Frau S. sich gern erinnert – aber das ist eben
Erinnerung. Zu viele vom harten Kern sind nach all
den Jahren nicht mehr da. Manche sind ausgezogen, weil Familienzuwachs sich ankündigte – als
gebe es nicht das Konzept der flexiblen Raumauf-
teilungen. Diese Flexibilität haben Frau S. und Frau
U., ihre polnische Nachbarin, öfter vermißt: Frau U.
würde gern in eine kleinere Wohnung ziehen, ist
aber schon zweimal übergangen worden, als eine
frei war. Und die H.s sind ausgezogen, weil sie ein
Zimmer mehr brauchten, aber dann doch nicht den
Durchbruch zur Nachbarwohnung auf eigene
Kosten machen durften. Eine Nachbarin, Mutter
von drei Kindern, ist im letzten Jahr plötzlich Witwe
geworden. Das, sollte man meinen, wäre eigentlich
ein Grund zum Bleiben gewesen – aber sie zog aus,
trotz der Vorteile, die gerade Alleinerziehende im
engen Kontakt mit anderen Eltern hier haben. Die
Vorteile waren offenbar nicht stark genug. Zufälle
vielleicht, Entscheidungen nicht gegen das Projekt –

aber sie hatten schließlich ihre Wirkung auf das Projekt.

Konflikte um den Gemeinschaftsraum kamen auf: „Klar sind da Sachen passiert", räumt Frau S. vage ein, aber daß man die „Sachen" mit der Familie, die über dem Raum wohnt, nicht im freundschaftlichen Disput klären konnte, regt sie auf. Seitdem diese Familie die Verwaltung des Fetenraums übernommen habe, sagt sie, fänden Feten dort nicht mehr statt – „seit einem Jahr wird der Raum nicht genutzt!" Ein wenig scheint es, als seien hier zu viele verschiedene Menschen – russische Aussiedler, polnische Immigranten, türkische Familien, Kinderreiche und Kinderlose – auf zu engem Raum zusammengeworfen und mit ihren Problemen alleingelassen worden. Vielleicht ist dies symptomatisch für den sozialen Wohnungsbau, der längst nicht mehr den ‚breiten Schichten der Bevölkerung', sondern den Bedürftigsten vorbehalten ist.

Aber was sich Spaziergängern in der kleinen Anlage vermittelt, ist doch eine andere, tolerantere Botschaft, ein Zug von Offenheit, der sich im luftigen Bau ausdrückt und im Atmosphärischen fortsetzt. Wenigstens nach außen hin erinnert hier nichts an die Kultur des Mißtrauens, der man im Mietshaus so oft begegnet. Hier stehen Türen offen, hinter erleuchteten Fenstern sitzen Familien, Kinder sind noch abends auf den Wegen. Jede Wohngruppe erfährt ihre Wellenbewegungen, hat Kerstin Siemonsen vom WohnBund gesagt. In Bergkamen mögen manche enttäuscht sein, für andere könnte sich hier etwas ganz Neues entfalten.

*

Schafe, Weiden, Hecken, auch das ist das Ruhrgebiet, jedenfalls flickenweise, jedenfalls um Lünen-Brambauer herum. Die Siedlung liegt idyllisch, gleich neben einer Zechensiedlung älteren Datums. Der türkische Gemüseladen am Rand dieser alten Siedlung ist ein Hinweis auf die Bewohnermehrheit hier. In der kleinen Selbstbausiedlung ‚Am Calversbach' ist das anders. Die jungen Familien, die hier seit 1997 leben, sind in der Mehrheit Deutsche, und auch sonst haben sie das meiste gemeinsam. An einem schönen Spätnachmittag, wenn wirklich alle draußen sind, sitzen Frauen gleichen Alters auf den Terrassen – die meisten arbeiten nicht oder fangen gerade erst damit an. Männer kommen gerade nach Hause und begrüßen die Kinder, die mit vielen anderen Kindern durch die Siedlung toben. „Wir stehen sogar bei schlechtem Wetter viel draußen rum", erzählt Frau G. „Seit wir hier wohnen, läuft der Fernseher kaum noch." Es trifft sich, daß Frau G.s Sohn gerade hereinkommt und die Sendung mit der Maus einschalten will, obwohl die noch gar nicht läuft; aber man sieht ihm an, daß er draußen genug getobt hat, um sich ein bißchen Fernsehen verdient zu haben.

‚Einfach und selber bauen' in Lünen-Brambauer ist eine geschlossene Kleinsiedlung, für die vier Hausreihen einen Hof bilden. Jedes Haus hat einen Garten mit einem Schuppen, in der Mitte liegt das Gemeinschaftshaus. Noch ist das Grün nicht üppig genug, um die Anlage nicht ein wenig gedrängt wirken zu lassen; die Schuppen stehen groß und prägend da, gleich gegenüber den Vordereingängen der nächsten Hausreihe, die somit auf keinen öffentlichen Raum weisen.

Für Frau G. ist hier ein Traum in Erfüllung gegangen. Sie kommt aus einer Zechensiedlung, sie wollte immer so leben, wie sie es von dort kannte. Etwas anders sieht ihre Siedlung natürlich schon aus: In der Gegend habe sie das Image einer ‚Westernstadt' – stimmt schon, Frau G. wären Klinker lieber gewesen als dieses Holz, dessen dezente Verschiedenfarbigkeit der Siedlung zusätzlich den Beinamen ‚Papageiensiedlung' eingetragen hat. Aber Frau G. weiß genau: „Wir werden oft beneidet", weil diese Gruppe sichtlich engen Kontakt hat: „Weihnachten können wir dieses Jahr hoffentlich schon im Gemeinschaftshaus feiern."

Die Geschichte dieses engen Zusammenhalts begann mit den regelmäßigen Treffen, die dem Hausbau in Selbsthilfe vorangingen. Sie setzte sich fort mit dem Leben auf der Baustelle: 1 800 Arbeitsstun-

den haben die Siedler kostensparend investiert.
Frau G. hat, wie alle anderen, damals viel gelernt:
nicht nur Holzlatten streichen und Fliesen legen.
Auch, „wie man sich als Gruppe vertritt" – zum Beispiel, wenn es um die Bepflanzung ging, oder wenn
es Ärger mit der Bauleitung gab. Den gibt es noch
immer. Wie zum Beweis rumort an diesem Nachmittag allgemeiner Unmut in der Siedlung: Heute
nachmittag soll es eine Abnahmebesichtigung
geben, und die Ankündigung lag erst am Morgen
in den Briefkästen. Alle sind sich einig, daß das
typisch ist. Schließlich aber wird der eintrudelnde
kleine Troß aus dem Baubüro doch nicht verjagt,
schließlich wollen alle zeigen, was an ihren Häusern noch nicht fertig ist, wo geschlampt und verzögert wurde. Erbost weist Frau D. auf ihre schief
hängende Hausnummer, auf die nicht fertig verklei-
dete Außenwand: Kleinigkeiten, aber zu viele davon, sagt sie.
In der Konfrontation mit dem ‚Außenfeind' scheint
die Gruppe besonders fest zusammenzuhalten. Aber
hier gibt es andere gemeinschaftsstiftende Faktoren: Milieu, Berufe, Alter – hier müssen keine allzu
breiten Gräben überbrückt werden. Wie in jeder
Wohngruppe gibt es Aktive und Stille. Das ist normal und führt immer erst dann zu Mißstimmungen,
wenn es schon schwerwiegende Probleme gibt.
„Klar müssen wir manche auch mal treten, wenn
was zu tun ist", sagt Frau G. freundlich. Zu denen,
die man nicht treten muß, gehört auch Frau D., ein

echtes westfälisches Mundwerk, die alle Geburtstage ihrer Mitbewohner notiert hat und an der Liste
der Hochzeitstage arbeitet.
In Lünen ist die Welt in Ordnung – und wird es vielleicht noch sein, wenn die Goldenen Hochzeiten
gefeiert werden. Die Stabilität der Gruppe, bedingt
auch durch den Eigentümerstatus, und die Zeit der
Selbsthilfe haben sie stark gemacht. Hier sorgt
keine äußere Instanz für neue Mitglieder, Mobilität
fällt erstmal weg.
Dieses Resümee hat etwas Enttäuschendes: daß
Eigentum und soziale Homogenität allein die Voraussetzungen für Gelungenheit sein sollen. Aber
was der Ersatz sein könnte für den Kitt des proleta-
rischen Lebenszusammenhangs, der die früheren
Arbeitersiedlungen zusammenhielt – die eben welche waren –, das ist nicht einmal vage zu definieren. Die Nagelprobe für die Lüner steht natürlich
noch aus: Wenn die unausweichlichen Konflikte
kommen, könnte die schöne Stimmung der ersten
Zeit sich in die Hürde eines allzu hohen Anspruchs
verwandeln – und an solchen Ansprüchen ans Ge-
meinschaftsleben ist schon manches gut be-
gonnene Projekt gescheitert, das zeigen Hunderte
leidvolle Wohngemeinschafts-Erfahrungen. Es
gehört eben zu den schwierigsten Übungen, die
„mittlere Distanz" zwischen „schrankenlos zudring-
licher Intimität und vollkommener Interesselosig-
keit" zu finden, von der Alexander Mitscherlich
einst sprach.

Joachim Boll
Bewohnerengagement, Selbsthilfe
und Eigenverantwortung in Mietsiedlungen
Eine Rundreise durchs Ruhrgebiet

Bewohnerengagement und Selbsthilfe in bezug auf
Wohnung, Grundstück und Gebäude sind Attribute,
die man üblicherweise dem Wohneigentum zu-
ordnet und dort vor allem dem Eigenheim und dem
Wohnen mit individuellem Eingang und eigenem
Garten. Mit dem Mietwohnungsbau dagegen verbindet man anonymes Wohnen auf der Etage, hohe
Fluktuation und eine Dienstleistungsbeziehung zwischen Hauseigentümer und Mieter sowie umgekehrt ein Konsumentenverhältnis zwischen Mieter
und Eigentümer.

Im Ruhrgebiet haben Siedlungen, die mit eigentumsähnlichen Wohn- und Verfügungsformen im
Mietverhältnis zwischen diesen Alternativen liegen,
eine lange Tradition. Genau um diese Zwischen-
formen geht es im folgenden.

Rückblick: Gründung und Aufbau
der Bewohnergenossenschaft
Rheinpreußen-Siedlung in Duisburg-Homberg

Inzwischen ist es schon mehr als 15 Jahre her, daß
sich die Bewohner der Arbeitersiedlung Rheinpreußen Mitte der achtziger Jahre im Kampf gegen
den drohenden Abriß ihrer Siedlung eine eigene
Bewohnergenossenschaft erstritten. Sie wollten ihre
Wohnverhältnisse in die eigenen Hände nehmen,
weil sie der Auffassung waren, nur so stabile und
langfristig gesicherte Verhältnisse erreichen zu
können. Sie gründeten ein neues Wohnungsunternehmen, das ihre 400 Wohnungen mit finanzieller
Unterstützung des Landes erwarb, und traten dem
Verband der – damals noch gemeinnützigen – Wohnungsunternehmen bei. Bewohner gingen in den
Vorstand und in den Aufsichtsrat und arbeiteten
darüber hinaus in Ausschüssen; sie übernahmen
Verantwortung für die Grundlage der Bewirtschaftung ihrer Wohnungen und der ganzen Siedlung.
Bis auf wenige Ausnahmen traten die Bewohner der
Genossenschaft bei und bauten mit ihren Genossen-
schaftsanteilen einen ersten Eigenkapitalstock auf.

Vor allem aber beteiligten sie sich an der Erneuerung der Gebäude und der Modernisierung der
Wohnungen. Sie legten einen einfachen baulichen
Standard fest; das Bauen wurde mit Zuschüssen des
Landes unter der Bedingung gefördert, daß rund
10 Prozent der Kosten in Selbsthilfe erbracht werden. In Selbsthilfe bauten die Bewohner auch einen
alten Milchladen in der Siedlung aus; ein Bewohnerverein, der Rheinpreußenhaus e.V., nutzt ihn
seitdem als Gemeinschaftshaus für Versammlungen, für einen temporären Mittagstisch, für Alpha-
betisierungskurse für türkische Frauen, für Feste
und vieles mehr.

Damals, Mitte der achtziger Jahre, war das alles
der Höhepunkt eines langen und zum Teil harten
Kampfes der Bewohner um ihre alte Siedlung. Die
Bewohner kannten die Qualitäten ihrer Siedlung –
das waren weniger die städtebaulichen und architektonischen Qualitäten, die Außenstehende nach
Denkmalschutz und Gestaltungssatzungen rufen
lassen, als das preiswerte Wohnen, der Garten als
‚grünes Wohnzimmer‘, der als Werkstatt ausgebaute
Stall, die Nachbarn und vieles mehr. Und als diese
sozialen und Gebrauchsqualitäten verloren zu

Bewohner der
Rheinpreußensiedlung
engagieren sich seit
den 70er Jahren
für ihre Siedlung
Foto: Archiv
Bewohnergenossenschaft

gehen drohten, standen sie zusammen und verteidigten sie gegen ihre Gegner. Vielen auch außerhalb der Siedlung schien die Bewohnergenossenschaft Rheinpreußen-Siedlung ein ‚leuchtendes‘, aber auch ein nicht wiederholbares Beispiel. Und tatsächlich blieb das Beispiel in seiner ganzen Komplexität einmalig.

Damals wie heute sträuben sich viele Wohnungsunternehmen und Städte gegen derartige Ansätze der Eigenständigkeit und der Verantwortung in Bewohnerhand. Verglichen mit bürokratisch geregelten Abläufen scheinen solche ‚Experimente‘ unkalkulierbar. In ihnen steckt viel Prozeßhaftes mit offenen Ergebnissen – und dahinter die bange Frage, wer so etwas verläßlich steuern könne. Vor allem die Wohnungsunternehmen ahnen, daß sie – zumindest in ihren alten Formen – nicht Träger solcher Prozesse sein werden, die immer auch Aspekte von ‚Gegenmodellen‘ enthalten.

Dabei sind die Ziele zunächst ganz einfache: Bewohnern und vor allem Bewohnergemeinschaften mehr Selbständigkeit und Verantwortung für die Gestaltung ihrer Wohnverhältnisse zu geben, ihnen Aktivitäten zu überlassen, die sie einfacher und

besser an Ort und Stelle und untereinander regeln können, ihnen Angebote zu machen und ihnen Chancen zu eröffnen, mit ihren Nachbarn Gemeinsamkeiten zu entdecken, zu beraten und ihre ganz praktischen Alltagsinteressen selber zu organisieren – eigentlich ein ganz ‚modernes‘ Konzept.

Bewohnerengagement in einer neuen gartenstädtischen Siedlung

Ortswechsel: Kamen. Auf dem Gelände der ehemaligen Zeche Monopol entsteht in den neunziger Jahren eine geschlossene neue Siedlung, die – anders als eine alte Arbeitersiedlung – erst noch Traditionen und Identitäten begründen will.

Die Siedlung wurde bewußt in die Traditionslinie gartenstädtischer Siedlungen gestellt. Ein hoher Anspruch – nicht nur baulich, sondern auch sozial. Wie ist das aber unter heutigen Bedingungen einlösbar? Vor allem aber, wie können Nachbarschaften in einer Neubausiedlung mit 260 Wohnungen entstehen, und wie kann frühzeitig ein Weg eingeschlagen werden, der zu Engagement, Selbsthilfe und Eigenverantwortung führt?

Die Siedlung hat eine ihrer zentralen Qualitäten im

Straßentheater
am Umweltaktionstag
in der Schüngelberg-
siedlung
Foto: Anschütz

autofreien Siedlungsinneren, das sich als grüner
Anger nach Süden öffnet mit einem ‚Birkenwäld-
chen‘ am Eingang, einer Obstwiese am südlichen
Ende, in vielen Spielflächen entlang eines (Regen-)
Wasserlaufs durch die ganze Länge des Angers mit
zwei ‚Quellen‘, einem Teich als Siedlungstreff und
vielem anderen mehr. Der Landschaftsplaner ging
von vornherein von einem gebrauchs- und bewoh-
nerorientierten Freiraum statt von der Idee eines
gepflegten Parks aus. Bereits im Wettbewerbsentwurf hatte er vorgeschlagen, den Bewohnern, die
keinen Hausgarten bekommen können, im Anger
Grabelandflächen anzubieten, um gewissermaßen
im siedlungsöffentlichen Freiraum gärtnern zu
können.

Die Bewohner des ersten großen Bauabschnitts mit
einem hohen Anteil öffentlich geförderter Sozialwohnungen wurden bereits lange vor Fertigstellung
der Wohnungen zu Informationsveranstaltungen
eingeladen. Hier lernten sie erstmals ihre zukünftigen Nachbarn kennen und diskutierten über die
Vorzüge und Nachteile der Siedlung. Große Aufmerksamkeit fand die grüne Siedlungsmitte, und es
gab auch großes Interesse am Grabeland. Mit einem
Kreis interessierter Bewohner wurde an dieser Idee
weitergearbeitet. Regeln zur Bewirtschaftung
wurden aufgestellt, ein Pachtvertrag mit der Stadt
wurde vorbereitet, die Parzellen wurden aufgeteilt
und vergeben – dies alles schon unter der Regie
eines von den Bewohnern gegründeten Grabeland-
vereins. Über ihn wurden in Selbsthilfe Gemein-
schaftsflächen hergerichtet und einige Holzhäuser

gebaut – für die gemeinsame Nutzung als Geräte-
haus, für Feiern und ähnliches. Der Verein übernimmt inzwischen die Verantwortung für die
Grabelandflächen im Siedlungsanger, für einen
Teil der öffentlichen Wege und perspektivisch
vielleicht auch für weitere Teile der Pflege des
schönen Freiraums in der Siedlung. Der Landschaftsplaner hat diese Idee von Anfang an unterstützt. Vor allem aber war sie auch Gegenstand
einer aktiven Bewohnerbeteiligung, bei der ‚Quartiersplaner‘ mit zeitlich befristetem Auftrag in der
Siedlung arbeiteten.

An diesem einfachen Beispiel läßt sich lernen:
Engagement ist nichts Abstraktes. Die Anlässe müssen auch nicht so umfassend und spektakulär sein
wie in der Rheinpreußen-Siedlung der achtziger
Jahre. Aber Engagement läßt sich an praktischen
Projekten mit konkretem Nutzen entfachen. Und
solche Projekte sollten Teil einer Gesamtidee sein –
im beschriebenen Fall des Neubaus einer Siedlung
mit gartenstädtischen Qualitäten, von der ersten
Planung bis weit in den Wohnalltag hinein. Gleichwohl entstehen solche Projekte nicht von selbst: Sie
müssen angestoßen werden. Die Bewohner sollten
in Qualitätsentwicklungen einbezogen werden und
sie mitaufbauen; dann sind Samenkörner gelegt,
deren Früchte aufgehen, wenn die Bewohner diese
Qualitäten verteidigen und selber pflegen.

**‚Überforderte Nachbarschaften‘ in neuen
Mietsiedlungen des sozialen Wohnungsbaus?**
Lassen sich Erfahrungen wie in der Gartenstadt-

Von Bewohnern,
für Bewohner –
Gemeinschaftsräume,
hier in der
Küppersbuschsiedlung
Foto: Vollmer

Siedlung Seseke-Aue mit dem hohen Freiflächenanteil in der Siedlungsmitte auf kompaktere und städtischere Wohnanlagen übertragen? Arbeitersiedlungen wie die Rheinpreußen-Siedlung waren der Soziale Wohnungsbau ihrer Zeit. Hier kamen Anfang des Jahrhunderts die Einwandererfamilien aus ‚Ostelbien‘, aus Masuren und Polen unter – mit Arbeitsverträgen im Bergbau oder in einem Hüttenwerk in der Tasche. Die Zielgruppen des Sozialen Wohnungsbaus Ende der neunziger Jahre sind Familien mit Kindern und geringem Einkommen, Alleinerziehende, Aussiedlerfamilien aus Kasachstan oder anderen Gebieten der ehemaligen Sowjetunion, Migranten und Flüchtlinge ganz unterschiedlicher ethnischer Herkunft, viele von ihnen ohne dauerhaftes Arbeitsverhältnis.

Die Arbeitersiedlungen waren in ihrer Entstehungszeit weder städtebaulich noch sozial in die Umgebung integriert. Sie mußten ein Eigenleben nach innen entfalten. Nachbarschaften und Engagement wie in der Rheinpreußen Siedlung sind über lange Zeit gewachsen. Heißt das, daß wir uns in den in den neunziger Jahren entstandenen oder entstehenden Wohnanlagen und Siedlungen auf lange oder dauerhaft ‚überforderte Nachbarschaften‘ einstellen müssen und daß die Defizite im besseren Falle durch Sozialarbeit der Städte, der Wohlfahrtsverbände oder der Kirchen ausgeglichen werden müssen? Oder gibt es andere Wege, die nicht von vornherein nur ‚Probleme‘ signalisieren in der Kombination von reaktiver Sozialarbeit und Sozialem Wohnungsbau?

Ortswechsel. Die Dortmunder Nordstadt ist ein großer, traditioneller innerstädtischer Arbeiterstadtteil – seit langem durchmischt mit studentischem Leben und einem hohen Anteil nichtdeutscher Bevölkerung. Alle drei Milieus haben ihr eigenes Leben und ihre Infrastruktur entwickelt und existieren eigentlich relativ gut neben-, teilweise auch miteinander. Am Rande des Stadtteils wurden in den Neunzigern 250 öffentlich geförderte Sozialwohnungen gebaut: die CEAG-Siedlung. Trotz Kompaktheit und städtischer Siedlungsform erschließen sich auch hier, oftmals erst auf den zweiten Blick, die besonderen Gebrauchsqualitäten des Wohnens mit eigenem Eingang und kleinem Garten, des autofreien Siedlungsinneren, der vielen Übergänge von privaten, halböffentlichen und öffentlichen Räumen.

Die drei beteiligten Wohnungsunternehmen haben in Abstimmung mit dem Dortmunder Wohnungsamt die Siedlung sorgsam belegt, die Wohninteressenten vorher über die Siedlung informiert – auch darüber, daß Kinder die Wohnwege, Spielbereiche und den Freiraum erobern sollen und drei Gemeinschaftswohnungen zur Verfügung stehen. Ein Signal: Eigenaktivitäten der Bewohner und nachbarschaftliches Leben erwünscht.

Die Wohnungsunternehmen haben Gemeinschaftswohnungen von je etwa 60 Quadratmetern mitgebaut und im Rahmen der Wohnungsbauförderung des Landes mitfinanziert. So entstanden zunächst einmal Flächenpotentiale für individuelle und nachbarschaftliche, soziale und kulturelle Aktivitäten, die sich in einer normalen Wohnung nicht oder nur

Die Mietergemeinschaft Korte-Düppe 1990 vor ihrer alten Siedlung, die abgerissen wurde, ...
Foto: WohnBund-Beratung

unzureichend entfalten lassen. Zum Zeitpunkt des Einzugs der Bewohner wurde ein externes Büro als ‚Quartiersplaner' beauftragt, unter anderem um aktive Bewohner aus der Siedlung zu mobilisieren und mit ihnen Nutzung und Betrieb rund um die Gemeinschaftsräume zu organisieren: Eltern-Kind-Gruppen, Hochzeitsfeiern, Kindergeburtstage, ein erstes großes Siedlungsfest. Ein Kern von zehn Bewohnern kümmert sich darum schon ein Jahr nach dem Einzug.

Ziel ist, die Verantwortung für die Gemeinschaftswohnung an einen Bewohnerverein zu übertragen: Schlüsselgewalt, Nutzungs- und Zeitplan, Nutzungsgebühren für private, dauerhafte und größere Veranstaltungen, Feste und vieles mehr. Erste Erfahrungen zeigen, daß ein solches Angebot in der Bewohnerschaft auf positive Resonanz trifft und sich aktive Kerne für solche Aufgaben mobilisieren lassen.

Wege zu Nachbarschaft, Bewohnerengagement und Eigenverantwortung müssen von Siedlung zu Siedlung, von Wohnprojekt zu Wohnprojekt jeweils neu entwickelt, die Bewohner dürfen nicht mit Ansprüchen überfordert werden. Insofern ist die städtebauliche und soziale Integration in eine gewachsene Umgebung eine ebenso wesentliche Voraussetzung wie die baulichen Angebote einer Wohnform mit Gebrauchsqualitäten im unmittelbaren nachbarschaftlichen Umfeld einer Siedlung. Dann aber zeigt das Beispiel der Gemeinschaftsräume einen Weg, wenn Ausgangsinvestitionen (hier für den Bau der Räume) mit Anschubhilfen (in diesem Fall mit einer

zeitlich befristeten Quartiersplanung) und einem Übergang in den eigenständigen verantwortlichen Betrieb eines ‚Bewohnerträgers' verbunden werden. Das Beispiel der CEAG-Siedlung zeigt, daß dieser Ansatz von den Eigentümern positiv begleitet und in den Alltag der Wohnungswirtschaft integriert werden muß. Die bereits um einiges älteren Erfahrungen mit Gemeinschaftshäusern in Dänemark zeigen, daß Geduld und ein langer Atem gefragt sind, daß ein Abflachen der Aktivitäten nach einer euphorischen Anfangsphase normal ist und im Sinne einer längerfristig angelegten sozialen und wirtschaftlichen Strategie nicht gleich zu Überlegungen der Schließung bzw. Umwandlung in Wohnungen führen darf.

In sich entwickelnden Nachbarschaften steckt viel Potential für Selbsthilfe und Eigenverantwortung

Die Beispiele der Siedlungen in Kamen und in Dortmund zeigen, ein wie hoher Anspruch darin liegt, heute noch neue Siedlungen mit nachbarschaftlichem und sozialen Leben realisieren zu wollen, und daß solche Projekte deutlich über das klassische Planen, Bauen und Verwalten von Wohnungen hinausgehen. Und sie zeigen um so mehr, wie wichtig es ist, sorgsam mit dem Bestand von Siedlungen umzugehen, in denen nachbarschaftliche und Selbsthilfestrukturen gewachsen sind. Architekten und Planer, Städte und Wohnungsunternehmen, aber auch die Förderkulissen des Wohnungsbaus sind nur unzureichend darauf eingestellt, mit der realen

... erstreitet
ein gemeinsames
Wohnprojekt am
Rande der Siedlung
Teutoburgia, hier
1991 beim Richtfest
Foto: Vollmer

Vielfalt in den Siedlungen umzugehen.
Sorgsame, behutsame und kleinteilige Erneuerung
im Bestand ist nur mit den Bewohnern möglich –
oder nur durch sie selbst: durch neue Trägerformen,
ein neuaustariertes Verhältnis zwischen Eigentümer und Mieter. Womit wir wieder genau bei dem
sind, was die Bewohner der Rheinpreußen-Siedlung
Mitte der achtziger Jahre wollten.

Daß das Thema immer wieder aktuell wird, zeigt
ein erneuter Ortswechsel, diesmal in die Siedlung
Stemmersberg nach Oberhausen. Die Bewohner
dieser mit fast 400 Wohnungen großen und schönen
alten Arbeitersiedlung erzwingen 1996 den Verkauf
der Siedlung von Thyssen an die Landesentwicklungsgesellschaft (LEG), weil unklar ist, was der
Eigentümer langfristig mit der Siedlung vorhat. Sie
wollen klare Verhältnisse. Die Menschen dieses
kleinen ‚Arbeiterdorfes‘ haben viel zu verlieren:
große Gärten, stabile Nachbarschaften, niedrige
Mieten – und viele haben in den Wohnungen in
Selbsthilfe investiert.

Mit dem Übergang der Siedlung an die LEG wird
mit dem Land und den Bewohnern, die sich zu
einem Mieterrat zusammengeschlossen haben und
von der Arbeitsgemeinschaft der Arbeitersiedlungs-
initiativen unterstützt werden, ein Investitionskon-
zept verhandelt, das auf die Selbsthilfeeinbauten
und die Wohnbedürfnisse der Bewohner Rücksicht
nimmt. Im Ergebnis werden die Gebäude denkmalgerecht gestaltet und instandgesetzt – die Bewohner
setzen sich sogar dafür ein, daß ihre Siedlung unter
Denkmalschutz gestellt wird. Die Wohnungen wer-

den mit einfachem baulichen Standard und nach
einem von den Bewohnern zu beeinflussenden,
sehr differenzierten Ausstattungs- und Mietenkon-
zept modernisiert. Die Kosten der baulichen Investitionen des Eigentümers und der Förderung des
Landes umfassen bei diesem Modell nur etwa die
Hälfte dessen, was in anderen Arbeitersiedlungen
Standard geworden ist.

Einmal in Gang gesetzt, gehen die Bewohner noch
einen Schritt weiter. Die Erneuerung der Stallgebäude – als Abstellkammern, Werkräume, Garten-
häuschen schon immer ‚Orte der Eigenarbeit‘ –, der
Höfe hinter den Wohngebäuden und der Übergänge
zu den Gärten war zunächst bei der Erneuerung der
Gebäude und Wohnungen nicht berücksichtigt worden. Dies anzugehen, trauen sich die Bewohner inzwischen selber zu. Sie gründen einen ‚Bewohnerträger‘: den Stemmersberger e.V. Dieser Verein
übernimmt in organisierter Gruppenselbsthilfe die
Erneuerung der Ställe, die Verbesserung des Wohn-
umfeldes der nachbarschaftlichen Höfe und, damit
verbunden, die Abkopplung des Regenwassers vom
öffentlichen Kanalnetz. Um all dies zügig realisieren zu können, richtet der Verein eine Werkstatt
und einen kleinen Selbstbauhof innerhalb der Siedlung ein. Hier kann Baumaterial, das als ‚Bauschutt‘
bei der Erneuerung der Wohngebäude anfällt, re-
cycelt werden: So lassen sich beispielsweise Dach-
ziegel von den Wohngebäuden bei einer Neuein-
deckung der Ställe wiederverwenden. Hier werden
Geräte und Materialien für den Selbstbau vorgehal-
ten, und von hier aus werden Siedlungshandwerker

(Bewohner der Siedlung) und Selbstbaugruppen eingesetzt. Wenn man diese Infrastruktur für die Realisierung des Regenwasserkonzepts und die Verbesserung des nachbarschaftlichen Umfelds nicht mehr unmittelbar benötigt, wird sie als Siedlungsinfrastruktur für normale Instandhaltungsaufgaben weiter genutzt – auch im Auftrag der Eigentümerin, beispielsweise wenn es um das Streichen und die Pflege der Holzfenster geht. Sie ist somit eine langfristig angelegte Basisinvestition für eine bewohnergetragene Wohnungsbewirtschaftung. Der Bewohnerverein übernimmt letztendlich die Verantwortung für über 2 Millionen Mark an öffentlicher Förderung und für die gleiche Summe in organisierter Gruppenselbsthilfe.

Den Mut, eine solche Initiative zu starten, haben Beispiele wie das der Rheinpreußen-Siedlung genährt. Aktive aus dieser Siedlung stehen den Stemmersbergern zur Seite und geben ihre Erfahrungen weiter, sowohl hinsichtlich der großen Ziele als auch in bezug auf die kleinen praktischen Schritte. Sind aber Rheinpreußen ebenso wie Stemmersberg nicht die großen Ausnahmen?

Ausblick: das Programm ‚Inititiative ergreifen‘

Die Siedlung Stemmersberg – und dort insbesondere die organisierte Gruppenselbsthilfe im Umfeld – wird über das Impulsprogramm ‚Initiative ergreifen‘ gefördert. Dessen Ziel ist die Unterstützung privat organisierter Gemeinschaftsprojekte jenseits von beziehungsweise in Ergänzung zu Trägerschaft und Betrieb großer Organisationen und Institutionen, die Mobilisierung von Eigenkräften, Selbsthilfe, bürgerschaftlichem Engagement, aber auch der Aufbau wirtschaftlicher Eigenständigkeit kleiner Träger und schließlich die Entwicklung von Beiträgen für eine nachhaltige Stadtteilentwicklung, Stadt- und Freiraumerneuerung.

Das Programm orientiert im Kern auf im weitesten Sinne soziokulturelle Projekte. Die Motivation vieler Menschen zum Bürgerengagement auch jenseits normaler Beschäftigungsverhältnisse wird erschlossen und genutzt. Selbsthilfe ersetzt und ergänzt das fehlende oder zu geringe Eigenkapital kleiner Projektträger und macht damit die Projekte teilweise erst möglich. Die Projekte führen aber auch viele Menschen aus der Passivität heraus, bieten Chancen zu gemeinschaftlichem Handeln, lassen soziale Beziehungen entstehen und verschaffen öffentliche Anerkennung; sie wirken also dem Trend zu ausschließlich privatem Konsum und dem Rückzug in die Privatsphäre entgegen. Die Projekte können so breiter verankert werden und sind näher an den Bedürfnislagen der Menschen. Im übrigen bieten solche Projekte auch eine Vielfalt von Tätigkeitsfeldern für ganz unterschiedliche Formen des beruflichen (Wieder-)Einstiegs oder auch Ausstiegs aus dem normalen Berufsalltag. So wird etwa ein ehemaliges Straßenbahndepot in Dortmund von einem Verein, einem Zusammenschluß von Künstlern, Kulturschaffenden, kleinen Betrieben und einer Nachbarschaftswerkstatt, zu einem Zentrum für Handwerk, Kunst, Medien und Nachbarschaft umgenutzt. In einem anderen Fall übernimmt ein Verein in Castrop-Rauxel das stillgelegte Parkbad, gestaltet es denkmalgerecht um und nutzt es für vielfältige kulturelle Veranstaltungen. Innerhalb von zwei Jahren konnten 15 derartige Projekte begonnen werden.

Auf den Wohnbereich und auf die Wohnungswirtschaft übertragen heißt dies zunächst einmal: Engagierte Mieter und aktive Mietergruppen sind Aktivposten und keine ‚Störfälle‘.

Warum nicht eine Bewohnerschaft unterstützen, die ihre Wohnungen weitgehend in Selbsthilfe herrichtet? Warum nicht Einzelfälle, in denen Selbsthilfe über Gestaltungsverträge zugelassen wird, zu einer Strategie machen?

Warum nicht die Bewohnerschaft ermuntern, sich für Gemeinschaftseinrichtungen in leerstehenden oder auch in kleinen neuen Gebäuden stark zu machen – für selbstorganisierte Kinderbetreuung, Altentreffs und die Selbstorganisation in Nachbarschafts- und Siedlungszusammenhängen? Die Ressourcen, die in die Folgen von höherer Fluktuation, häufiger Neuvermietung, in die Schlichtung von Nachbarschaftskonflikten und die Einhaltung von Hausordnungen gesteckt werden, sind hier längerfristig besser angelegt.

Warum sich nicht stärker bei Arbeitsmarkt- und Beschäftigungsprojekten aus und in den Siedlungen oder bei der Verlagerung finanzieller Ressourcen in die Siedlungen selbst engagieren, für kleine ‚Regiebetriebe' unter Einbindung von Bewohnern vor Ort für Instandhaltungs-, Reparatur- und Pflegeaufträge?

Hier können Ansätze eine Rolle spielen, die auf ganz unterschiedliche Formen von Bewohnerengagement und auf Eigenverantwortung und Selbsthilfe setzen und dies mit auf der Grundlage konkreter Bedürfnisse entstehenden Projekten verbinden – ein Programm, das die Selbstorganisation in den Mittelpunkt stellt, einfaches Bauen organisierter (Gruppen-)Selbsthilfe mit der Verantwortung im Betrieb verbindet, befristete Anschubhilfen bei der Organisierung der Selbsthilfe und vor allem beim Aufbau des Betriebs kleiner Gemeinschaftseinrichtungen anbietet und sich bewußt von der Notwendigkeit dauerhafter umfassender Versorgung durch große staatliche und halbstaatliche Träger löst. Hier sind Bewohner und Wohnungswirtschaft gefragt.

Daß Mieter und Wohnungsunternehmen einander in diesen Fragen mit vielen Vorurteilen skeptisch gegenüberstehen, verwundert kaum. Die Praxis hat solche Vorurteile ja oft genug bestätigt. Klar ist auch, daß sich nur Wohnungsunternehmen auf solche Wege einlassen werden, die langfristig Verantwortung an den Standorten ihrer Wohnungen übernehmen. Kurzfristige Verwertungsüberlegungen – ob als shareholder-value für die Kapitaleigner der Unternehmen oder über Verkäufe von Wohnungen und ganzen Unternehmen – stehen diesen Ansätzen diametral entgegen.

Die Wohnungswirtschaft befindet sich seit langem in einem grundlegenden Wandel. Alle hier skizzierten Projektfelder waren nur mit Impulsen und Anreizen aus der öffentlichen Förderung für Investitionen und betrieblichen Aufbau möglich – sowie mit aktiver Projektsteuerung im Hinblick auf Qualitäts- und Zielkontrolle. Die öffentliche Förderung kann darüber eine Geschäftspolitik von Wohnungsunternehmen stärken, die weiterhin in der Tradition einer sozial verantwortlichen und öffentliche Aufgaben stützenden Wohnungspolitik arbeiten wollen.

Auch mit der Neugründung und der Entwicklung unterschiedlichster Trägerstrukturen läßt sich zur notwendigen Ausdifferenzierung und Profilierung der Wohnungswirtschaft beitragen.

Konsequent und in langfristiger Perspektive beschritten, lohnt sich ein solcher Weg auch wirtschaftlich, wie ein Blick auf Rheinpreußen Ende der Neunziger Jahre zeigt: Nach 15 Jahren bescheinigt der Prüfungsverband der Wohnungsunternehmen der Bewohnergenossenschaft Rheinpreußen-Siedlung, ein kerngesundes Wohnungsunternehmen mit einer effektiven Verwaltungsstruktur und einer blendenden Eigenkapitalausstattung zu sein – und dies ist gerade auf das Bewohnerengagement, die Selbsthilfe und die Übernahme praktischer Verantwortung in Bewohnerhand zurückzuführen.

Beatrix Novy
Bewohner ergreifen die Initiative: die Siedlung Stemmersberg

„Ich geh hier nicht raus!" Der hagere Mann im Pullover ist aufgestanden, um besser gehört zu werden. Solche Sätze sind an diesem Abend bei der Bewohnerversammlung der Siedlung Stemmersberg noch öfter zu hören: Die Siedlungseigentümerin will 36 Häuser abreißen, weil sie vom Schwamm befallen sind. Die Stimmung in der Gastwirtschaft ‚Heideblümchen' erinnert an alte Zeiten: An die ‚Rettet Eisenheim!'-Kampagnen der siebziger Jahre, an die Kämpfe um Zechensiedlungen, die schon zum Abriß freigegeben waren und deren Lebensqualitäten just damals wiederentdeckt worden waren: von den Bewohnern, aber auch von Stadtplanern, Studenten, Regionalforschern, von einer Generation, die den kleinfamiliären Muff der Adenauer-Ära abgeschüttelt hatte und die Vorbilder solidarischer Lebensformen in der Geschichte der Arbeiterbewegung suchte. Daß die Realität dabei manchmal ein bißchen verklärt wurde, nahm dem Engagement nicht die Bedeutung. Eisenheim beispielsweise blieb stehen.

Eisenheim liegt gar nicht weit weg von Stemmersberg, einer gartenstädtischen Siedlung der Jahrhundertwende, mit viel Freiraum und Gartenland. Ein Klassiker, und in dieser Form woanders kaum noch zu sehen. Hübsche Ziegel-Putz-Fassaden, die Häuser anderthalbstöckige Kubusse mit Satteldach, auf jeder Seite ein Eingang: ein Haus für vier Familien. Die Wirtschaftswege zwischen den Häusern und den gemauerten Schuppen sind hofartig breit. Viele Wege sind gepflegt, manche verwahrlost. Stemmersberg liegt nicht weit weg von Eisenheim, aber auch zum ‚CentrO', der Oberhausener Mall-Attraktion, ist es nur ein Katzensprung. Stemmersberg hat mithin jetzt eine interessante Lage, und das ist bekanntlich nicht ungefährlich.

Die Siedlung hat ihren festgefügten Charakter in die Gegenwart gerettet. Frau T., Mitglied des Mieterrats, besitzt Fotos ihrer Ururgroßeltern: Hier leben viele in der vierten Generation, die Gemeinschaft

hat die Neueingezogenen immer wieder geschluckt, sich selbst hinzugefügt. Zu jeder Vollversammlung in den letzten vier Jahren kamen immer 350 Leute. Es kommen auch die Türken (seltener die Türkinnen), die mit den Deutschen keine intime, aber gute Nachbarschaft verbindet. „Wir haben hier sowieso kein Topfguckverhältnis, auch die Deutschen nicht", erklärt Frau T. Aber man hat den Schlüssel der Nachbarn.

1996 war die Unruhe groß. Nicht umsonst fürchteten die Bewohner, ihre Siedlung sollte auf teureren Wohnstandard gehoben werden, und wirklich lagen schon die Pläne bereit, in alle Häuser Bäder in die erste Etage einzubauen. Das hätte ein Zimmer gekostet – und viele hatten sich doch längst ein Badezimmer im Keller gebaut. Diese erste Runde endete 1 : 0 für die Bewohner. Sie erzwangen einen Verkauf der Siedlung von Thyssen an die Landesentwicklungsgesellschaft (LEG). Und die Bäder blieben, wo sie waren. Statt Um- und Ausbau würde es nur eine Modernisierung geben – in Absprache mit den Bewohnern.

Mit dem Einstieg der IBA kam die Eigenleistung hinzu. Hier leben Bergleute, ihre Kinder oder ehemalige Bergleute – sie haben für ihre Arbeit unter Tage Maurer, Schlosser, Zimmermann und das Arbeiten im Team gelernt, Fähigkeiten, die sie beim Instandsetzen gut brauchen können: besonders erfreulich für die frühen Ruheständler und Arbeitslosen. Viele waren so Feuer und Flamme, daß die

Foto: Vollmer

mühsamen behördlichen Planungsschritte ihnen oft langweilig vorkamen und Peter Pötter seine liebe Mühe hatte, sie zurückzuhalten. Pötter berät die Bewohner seit 1996. Bei den ersten Verhandlungen war ihm aufgefallen, daß von den schönen gemauerten Schuppen bei der Erneuerung nie die Rede war. Die sollten nämlich gar nicht instandgesetzt und später vielleicht abgerissen werden, und das, vermutete Pötter, „bedeutet immer Nachverdichtung. Also Neubau. Also Veränderung des Siedlungscharakters." Die Eigenleistung im Umfeld und die Anmeldung zum Denkmalschutz waren Schachzüge: denkmalgeschützt und mit öffentlichen Geldern gefördert kann ein Ensemble nicht mehr so leicht verändert werden.

Nun wird angepackt. Selbsthilfe und Ökologie kommen zusammen: die Regenwasserversickerung in den Gärten, von der die Bewohner schon wegen der privaten Nebenkostenersparnis schnell überzeugt waren. Maschinen und Werkzeuge werden angeschafft, ein Werkraum zum Arbeiten wird eingerichtet. Jeder weiß, wieviel und welche Eigenleistungen erwartet werden, am eigenen Haus und an dem der Nachbarn: die Schuppen reinigen, Höfe, Wege, Dachrinnen und Dachstühle erneuern, die Versickerungsanlage graben. Für die, die nicht mitarbeiten können – die Alten beispielsweise –, wird entweder mitangefaßt oder auch mal bezahlte Arbeitskraft eingekauft. Lampen, Türen, Vordächer, üblicherweise die markanten Accessoires individua-

listischen Ausdruckswillens (und der Schrecken architekturbegeisterter Besucher), müssen dem einheitlichen Bild wieder angepaßt werden. Behutsam hat man da auf Konsens hingearbeitet: wurden mehrere Lampentypen ausgestellt und dem Votum der Bewohner überlassen. Die Mehrkosten für die Holzfenster, auf denen die IBA bestand, hatte die LEG, für die Stemmersberg zum Prestigeprojekt geworden war, spontan zu übernehmen versprochen.
Als alle in den Startlöchern standen und loslegen wollten, wurde der Hausschwamm entdeckt: ein schwerer Rückschlag und ein schwerer Konflikt. Während die Eigentümerin 36 der 66 vom Schwamm befallenen Häuser gleich abreißen wollte, kämpften die Bewohner für differenzierte Lösungen. Für sie stand fest: ‚Die' witterten nochmal eine Chance, wie auf dem Gelände doch noch ein bißchen Neubau unterzubringen sei, schließlich sind die Mieten der Althäuser für die nächsten 25 Jahre auf maximal 8,00 Mark festgelegt – kein gutes Geschäft.
Das Gefühl der Zusammengehörigkeit wird sich am Gemeinschaftshaus bewähren, zu dem eines der leerstehenden Wohnhäuser werden wird. In der Phantasie der Bewohner entfaltet sich bereits ein reiches Leben: das Bergleutentreffen, die Kulturgruppen der Kohleschnitzer und der Hobbyfotografen, die Sprechstunde des Knappschaftsältesten, Frauenselbstverteidigungskurse, die Hobbysportgruppe, nicht zu vergessen Hochzeiten und Geburtstage … im Gemeinschaftshaus wird was los sein.

107

Henry Beierlorzer, Joachim Boll
Neue und alte Siedlungen als Erneuerungsimpuls für eine Region
Projekte der IBA Emscher Park

Als Ende der achtziger Jahre die Idee einer Internationalen Bauausstellung Emscher Park geboren wurde, war klar, daß – anders als etwa bei der IBA in Berlin –, deren Strukturprogramm keine Wohnbauausstellung werden würde. Man erinnere sich: Mitte der achtziger Jahre spielte der Wohnungsneubau kaum eine Rolle für die städtebauliche Entwicklung, geschweige denn im nördlichen Ruhrgebiet, in dem seit Jahren Schrumpfungsprozesse eine Entwicklung prägen, die sich u. a. in Einwohnerverlusten und letztlich auch in Wohnungsleerständen zeigen.

Dies änderte sich Ende der achtziger, Anfang der neunziger Jahre: Aufgrund höherer Zuwanderung und einer kurzzeitig aufflackernden Wiedervereinigungskonjunktur sowie infolge sich verändernder Haushaltsstrukturen folgte dem Wohnungsbedarf auch Wohnungsbau. In Nordrhein-Westfalen wurde der öffentlich geförderte Wohnungsneubau mit Jahresleistungen von über 30 000 Wohnungen zu einem entscheidenden Motor der Wohnungsbauproduktion und letztlich auch der Baukonjunktur. Vielerorts führte dies zu der Bereitschaft, wieder große Neubausiedlungen und neue Stadtteile zu planen. Die Wohnbestandspolitik der achtziger Jahre trat in den Hintergrund.

Diese Wachstumseuphorie ist im Ruhrgebiet und anderswo zehn Jahre darauf schon wieder vorbei. Der sich entspannende und ausgleichende Wohnungsmarkt führt dazu, daß große Pläne nach und nach auf Eis gelegt werden. Nach wie vor gibt es gleichwohl zahlreiche Wohnungsnotfälle, zu viel schlechten und zu wenig preiswerten Wohnraum, und man täte gut daran, den zyklischen Entwicklungen des Wohnungsmarktes nach der übereuphorischen Neubauphase nicht den überdepressiven Stillstand folgen zu lassen. Wir sollten uns jedoch darauf einstellen, daß die Stadt und auch die Wohngebiete der Zukunft schon gebaut sind, daß Wohnungsbedarf noch lange nicht neue Großsiedlungen

und Stadterweiterungen rechtfertigt. Im Sinne einer nachhaltigen Entwicklung unserer Städte und Regionen müssen die Weichen für eine zukunftsfähige Stadt im Bestand gestellt werden. Die erforderlichen Flächen für Neubau, der im kontinuierlichen Austausch ‚Alt gegen Neu‘ erforderlich ist, sollten in der Innenentwicklung gesucht werden.

Damit wären wichtigste Voraussetzungen gegeben, sich ernsthaft mit Wohnkonzepten, Wohnungs- und Siedlungsbauvorhaben auseinanderzusetzen, die im positiven Sinne nachhaltig sein können. Dabei wird es sich eher um bescheidene Siedlungsprojekte handeln, die mit jeweils 25 bis 50 – in Ausnahmefällen bis 250 – Wohnungen groß genug sind, um städtebauliche Strukturen zu prägen, und überschaubar genug im Hinblick auf Qualitäten des ressourcenschonenden Bauens, der Bewohnerbeteiligung und sozialer Qualitäten. Als Projekte der Innenentwicklung und Reaktivierung integrierter Brachen sind sie immer auch Teil komplexer Erneuerung zur Stadtentwicklung, zur Nutzungsmischung, zur Vernetzung mit Freiräumen und gleichermaßen Beiträge zum Wiederaufbau von Landschaft.

Idee und Programm der Wohnungs- und Siedlungsbauaktivitäten im Rahmen der IBA Emscher Park sind damit skizziert. Was in der Wachstumsphase Anfang der neunziger Jahre von außen betrachtet eher ‚kleinkariert‘ erscheinen mochte, ist am Ende des Jahrzehnts hochaktuell und Modell mit Zukunft.

Die Wohnungsnot hatte im Ruhrgebiet nicht die Ausmaße wie in anderen Ballungsräumen; Anfang der neunziger Jahre gab es zwar Wachstums- und Investitionsimpulse, aber sie waren bescheiden. Dies war die Chance, im Rahmen der IBA Emscher Park eine Reihe von herausragenden neuen Siedlungen zu bauen und sie zugleich mit der Reaktivierung städtisch integrierter Brachflächen zu verbinden. So wurden in dieser Zeit über 2 500 Wohnungen in den Neubauprojekten auf den Weg gebracht.

Sie leisten einen besonderen städtebaulichen und architektonischen Beitrag zum Thema ‚Siedlungskultur' in der Region.

Konstituierend für die Neubauaktivitäten der IBA Emscher Park war die Auseinandersetzung mit dem Bestand gartenstädtischer Arbeitersiedlungen. Diese Siedlungen stehen für eine lange Wohn- und Siedlungstradition im Ruhrgebiet und für einen sozialen Wohnungsbau aus der Zeit um die Jahrhundertwende bis in die zwanziger Jahre. Sie sind beispielhaft für architektonische, städtebauliche, aber auch soziale Qualitäten. Und so standen bei der Erneuerung dieser Siedlungen im Sinne der Denkmalpflege die städtebauliche und die architektonische Qualität im Mittelpunkt. Die Erneuerung im Bestand ermöglicht die enge Zusammenarbeit mit den Bewohnern bei der Planung und bei der Realisierung im Sinne einer Nutzerbeteiligung und Nutzermitwirkung von Anfang an.

Hiervon zu lernen hieß für die Neubauprojekte auch, die Instrumente und Inhalte einer behutsamen Bestandserneuerung auf den Neubau von Siedlungsprojekten zu übertragen: Wohnungsbau im Zusammenhang von Wohnumfeld und Freiraum als Siedlungsbau zu begreifen, die Gebrauchsqualitäten des bodennahen Wohnens in eigentumsähnlichen Wohnformen über das einfache Bauen mit maßvollen Dichten zu ermöglichen, Angebote zur Nutzermitwirkung zu schaffen, Nachbarschaften zu stiften und schließlich Eigenleistung und Selbsthilfe zu mobilisieren, um eine preiswerte und soziale Wohnungsversorgung zu sichern.

Mit großem Engagement der beteiligten Städte, der Wohnungsunternehmen, der Planer, der Bewohner und vieler anderer ist so eine ganze Reihe von Siedlungen entstanden, die diesen Ideen folgen. Die Bündelung und räumliche Konzentration kleiner wohnreformerischer Ansätze in Form neuer Wohnmodelle und Siedlungen, aber auch der erneuerten gartenstädtischen Siedlungen sind weitere Bausteine der Siedlungskultur im Ruhrgebiet.

Ein ‚Standard' für qualitätvollen Siedlungsbau in der Region

In rund 30 Projekten der Internationalen Bauausstellung Emscher Park hat der Wohnungsbau eine zentrale Rolle für die Stadt(teil)entwicklung und bei der Entwicklung von Wohn- und Gewerbeparks in zentralen Lagen gespielt. Davon sind im folgenden 20 umfassende Projekte zur Siedlungskultur dokumentiert. Sie konzentrieren sich auf vier Handlungsfelder:

• *Denkmalgerechte und sozialverträgliche Erneuerung gartenstädtischer Arbeitersiedlungen.* Hier ging es darum, weitere bedeutende alte Arbeitersiedlungen als Kulturerbe des Ruhrgebiets zu sichern – in der baulichen Struktur, aber auch in der sozialen und Freiraumstruktur (Teutoburgia in Herne, Welheim in Bottrop, Fürst Hardenberg in Dortmund, Stemmersberg in Oberhausen, Schüngelberg in Gelsenkirchen).

• *Neubau städtebaulich geschlossener Siedlungen in der Größenordnung von 100 bis 250 Wohnungen als (Teil-)Projekte der Revitalisierung ehemaliger Industriebrachen in integrierten Lagen.* Mit Wohnungen ‚Stadt zu bauen', orientiert hier auf gemischte städtebauliche Siedlungskonzepte mit Wohnergänzungseinrichtungen von der Kindertagesstätte bis zur Nahversorgung, aber auch auf die landschaftliche und freiraumbezogene Verbindung der neuen Siedlung mit den Stadtteilen (Prosper III in Bottrop, Schüngelberg in Gelsenkirchen, Zeche Holland in Bochum, Seseke-Aue in Kamen, Küppersbusch in Gelsenkirchen, CEAG und Immermannstraße in Dortmund, Hülsmann in Herne).

• *Wohnmodelle in einer Größenordnung von 30 bis 60 Wohnungen als integrierte Bestandteile der Stadtteilentwicklung.* Diese Projekte erhalten thematische Akzente und sind auch Träger experimenteller Ansätze, beispielsweise zur Beteiligung und Mitwirkung (‚Frauen planen und bauen' an der Ebertstraße in Bergkamen, ‚Alternatives Wohnen'/Tor zur Südstadt in Recklinghausen, Wohnen PLUS auf Prosper III in Bottrop, ‚Wohnen im Garten' als Ergänzung der Siedlung Fürst Hardenberg in Dortmund).

• *Selbstbausiedlungen in der Reihe ‚Einfach und selber bauen'.* Soziale Wohnungsversorgung und Baukultur werden mit organisierter Gruppenselbsthilfe zu einer Strategie für soziale Eigentumsbildung gekoppelt (Taunusstraße in Duisburg, Hubert-Biernat-Straße in Bergkamen, Kinderfreundliche Siedlung in Herten, Laarstraße in Gelsenkirchen, Am Calversbach in Lünen).

Etwa drei Viertel des Wohnungsneubaus sind öffentlich geförderte Mietwohnungen: Mieter und Bewohner sind die Wohnberechtigten innerhalb der Einkommensgrenze des öffentlich geförderten Mietwohnungsbaus. Die Projekte bewegen sich damit innerhalb eines engen Finanzierungs- und Kostenrahmens. Träger der Projekte sind in der Regel ehemals gemeinnützige Wohnungsbaugesellschaften und Altgenossenschaften.

Zentrales Anliegen der Wohnungsneubauprojekte war, Modelle und Beispiele zu erarbeiten, wie sich die früher in eher kleineren Experimenten und Modellvorhaben entwickelten Qualitäten eines gebrauchswertorientierten und ökologischen Wohnungsbaus mit sozialen Anliegen und hoher städtebaulicher Qualität verbinden und in den Alltagsfall des Siedlungsbaus überführen lassen. Hierfür hat sich ein ‚Standard‘ entwickelt, der zur Grundlage für die Qualitätsentwicklung aller Projekte wurde:

Städtebau mit maßvollen Dichten

Landschafts- und Freiraumbezüge sind zentrale Qualitätsmerkmale. Dazu gehören Gärten und autofreie Freiräume, Parks oder Landschaft – entweder als Siedlungsbestandteile oder in unmittelbarer Nähe der Siedlungen – sowie die planerische Überlegung, Natur und Landschaft tief in die Wohngebiete selbst zu ziehen und mit wohnungsnahen Freiräumen zu vernetzen.

Ein natürlicher Umgang mit dem Regenwasser als Ersatz für aufwendige Haustechniksysteme, ‚solares Bauen‘ mit städtebaulicher und räumlicher Qualität und die bodennahe beziehungsweise freiraumbezogene Wohnform des ‚Hauses mit Garten‘ sprechen für maßvolle städtebauliche Dichten bei einer Geschoßflächenzahl (GFZ) bis 0,8.

Ressourcenschonend bauen

Die Schlüsselentscheidungen zum ressourcenschonenden Bauen werden im Städtebau getroffen. Dies bedeutet: Innenentwicklung durch Reaktivierung von Brachen; Grün-, Freiraum- und Landschaftsvernetzung; minimierter Erschließungsaufwand; Bauen mit der Sonne – wobei Gebäudeorientierung, Baukonstruktion und Grundrißqualitäten energetischen Grundsätzen folgen; naturnaher Umgang mit dem Regenwasser als Teil der Freiraumgestaltung.

Die städtebaulichen Grundsätze des ressourcenschonenden Siedlungsbaus decken sich mit den Prinzipien des kostengünstigen Bauens.

Auch die schon Anfang der neunziger Jahre fertiggestellten Wohnungen erfüllen Wärmestandards, wie sie die erst seit 1995 gültige Wärmeschutzverordnung vorschreibt. Die jüngeren Projekte erreichen durchweg Niedrigenergiehaus-Standard. Die Wärmeversorgung in den Projekten erfolgt in der Regel über Fernwärme, in Ausnahmefällen über Gasbrennwerttechnik mit zentraler Warmwasserbereitung und Nachrüstoptionen für Sonnenkollektoren beziehungsweise mit halbzentralen Blockheizkraftwerken.

Der Umgang mit dem Regenwasser ist vor dem Hintergrund des Umbaus des Emscher-Systems im nördlichen Ruhrgebiet von zentraler Bedeutung. Die Entwässerung von Dachflächen und nicht befahrbaren Wegen und Straßen erfolgt grundsätzlich nicht in das Mischwasser-Kanalisationsnetz. Das Wasser wird vielmehr als Gestaltungselement im Freiraum zurückgehalten, gezielt versickert, verzögert abgeleitet oder genutzt. Gründach, Versickerungsmulde, Regenwasserteich oder Regenwasser-Sammelanlage sind Variationen desselben Themas: Grundwasserneubildung ermöglichen, das Kanalisationssystem vom Regenwasser entlasten, geringere Kanalquerschnitte vorbereiten, die Leistungsfähigkeit der Kläranlagen erhöhen und zugleich die Ressourcen des Tiefbaus in die Gestaltung des Freiraums zu lenken.

Kostengünstiges Bauen und Komfortaustausch

Der öffentlich geförderte Mietwohnungsbau und der freie Markt von Miet- und Eigentumswohnungen in der Region lassen wenig Spielraum für die Vermarktung von ‚Luxuswohnungen‘ beziehungsweise Hochpreisangeboten. Schließlich wurde auch das Prinzip verfolgt, Baukultur und die Qualitätsziele im normalen Kosten- und Finanzierungsrahmen ohne Zusatzfinanzierung zu realisieren. So bewegten sich die reinen Baukosten der ersten Generation von Wohnprojekten zwischen 2 000 und 2 300 DM brutto pro Quadratmeter Wohnfläche an der Obergrenze dessen, was die Finanzierung erlaubt und als durchschnittliche Investition der Wohnungsunternehmen in der Region üblich ist.

Die Projektentwicklung der jüngeren Wohnungsbauvorhaben konzentrierte sich darauf, bereits frühzeitig neben Qualitätszielen auch Kostenziele zu formulieren und hierzu gezielt Planungsprozesse zu organisieren, in denen der ‚Komfortaustausch‘ in den Mittelpunkt der Überlegungen rückt. Dies führt zu mäßig dichten, zwei- bis dreigeschossigen Bauweisen in Reihenhausstruktur, die mit besonderer Wohnqualität eine Reduzierung technischer Standards, eventuell auch der Wohnfläche kompensieren hilft, zu einfachen Erschließungen, rationalisierten Bauweisen, Vorfertigung, aber auch Holz-Leichtbauprojekten.

Dies gilt etwa für Projekte wie den ergänzenden Neubau in der Siedlung Fürst Hardenberg, und die CEAG-Siedlung in Dortmund sowie für die gesamte Projektreihe ‚Einfach und selber bauen‘ mit reinen Baukosten zwischen 1 650 und 1 900 Mark pro Quadratmeter Wohnfläche (brutto).

Planungskultur

Das bewährte Planungsprinzip zur Entwicklung von Qualität im Siedlungsbau ist der Wettbewerb oder das wettbewerbsähnliche Verfahren des ‚Planen in Alternativen‘. Wettbewerbe im Rahmen der IBA Emscher Park waren in der Regel Realisierungswettbewerbe. Im Vorfeld der Auslobung wurden Realisierungsrahmen und Investitionsperspektiven geklärt. Die Veränderung von Wettbewerbsprojekten im Zuge der Realisierung bis zur Unkenntlichkeit, wie man sie anderenorts kennt, blieb den Projekten der IBA auf diese Weise erspart. Wesentliche Gründe hierfür sind sicherlich der gemeinsame Wille aller Projektbeteiligten, qualitätvolle Projekte zu realisieren, sowie die Qualität der Wettbewerbsentwürfe und ihrer Verfasser, aber auch der Begleitung der Projekte in die Bauphase und bis in die Wohnphase hinein – durch Projektgruppen und ‚Runde Tische‘, Qualitätsvereinbarungen und die Organisierung von Kommunikation und öffentlicher Aufmerksamkeit.

Soziales Wohnen – Wohnen in der Nachbarschaft

Die soziale Qualität von Siedlungsprojekten zeigt sich zunächst in den formalen Bestandteilen einer sozialen Wohnungsversorgung und Infrastruktur. Immerhin rund 75 Prozent der Wohnungen leisten als öffentlich geförderte Mietwohnungen mit Belegungs- und Mietpreisbindung ihren Beitrag zur sozialen Wohnungsversorgung. Hinzu kommt die soziale Infrastruktur von der Kindertagesstätte bis zur Altenpflegeeinrichtung.

Eine Besonderheit der IBA-Siedlungen sind die Gemeinschaftsräume – Angebote für Nutzungen und Aktivitäten, für die die Wohnungen zu klein sind: von der selbstorganisierten Mini-Krabbelgruppe über den Hobby- und Werkstattraum bis zum Party- oder Versammlungssaal oder zur Gästewohnung. Diese Wohnergänzungseinrichtungen sind auch zentrale Punkte bei der Beteiligung, Mitwirkung und Selbstgestaltung der Bewohner.

Quartiersplanung und Wohnalltag

Mit den Siedlungen entstehen neue Gemeinwesen, die immerhin teilweise die Größe von Dörfern haben. Über das räumliche Angebot von Wohnungen, Gärten und Gemeinschaftseinrichtungen hinaus wird die Entwicklung sozialer Netze und Nachbarschaften gerade in der Anfangszeit nach Bezug der neueren und vor allem größeren Siedlungen entscheidend sein. Planungsbeteiligung und Mitwirkung vor allem bei Gärten und Freibereichen sowie Gemeinschaftseinrichtungen können hierzu die Anlässe stiften. Darüber hinaus geht es aber auch um „baufremde“ Aktionen und Anlässe, die die Menschen zur Beteiligung und Mitwirkung im Wohnalltag anregen sollen und die die verborgenen Talente der Bewohner für eine funktionierende Gemeinschaft mobilisieren können. Im Rahmen der IBA Emscher Park wurden hierzu Angebote und Unterstützung in Form von Beratung und Moderation geschaffen.

Siedlung Teutoburgia
Herne

Bauherr
VEBA-Immobilien AG, Bochum
(Bestand und Wohnungsneubau)

Architektur/Planung
Gruppe Haus- und Stadterneuerung – Heinz Schmitz,
Edgar Krings, Aachen; Peter Zlonicky und Partner,
Dortmund (Rahmenplan und Erneuerungskonzept)
Büro Schmitz-Reinhard Gerlach, Aachen (Wohnungsneubau)
Elke Bauer, Margret Cramer, Klaus Gärtner,
Monika Günther, Karin Kahlhofer, Hermann Kassel,
Frank Niehusmann, Gudrun Banf, Christoph Schläger
(Gestaltung Kunstwald)

Adresse
Barrestraße, Schadeburgstraße und andere in
Herne-Börnig

Foto: Scholz

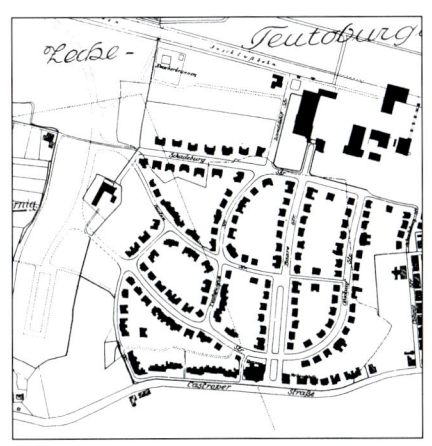 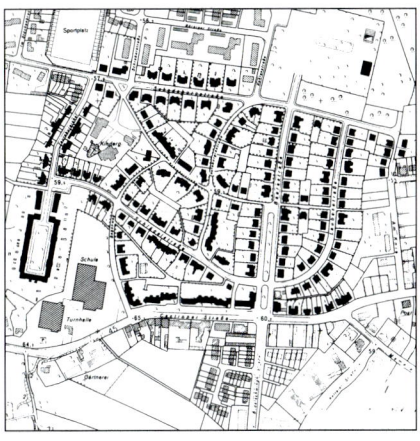 

Foto: Range

Die Siedlung Teutoburgia – zwischen 1909 und 1923 vom Zechenbaumeister Berndt als Werkssiedlung für die bereits 1925 geschlossene Zeche Teutoburgia gebaut – ist ein einzigartiges Dokument der Architektur- und Sozialgeschichte der Stadt Herne. Die Siedlung ist in ihrer ursprünglichen Form fast vollständig erhalten; sie zeigt die gestalterische Vielfalt und die hervorragenden Wohnqualitäten einer gartenstädtischen Siedlung aus der Zeit der Jahrhundertwende.

Das Erneuerungskonzept, für das die Eigentümerin bereits im Vorfeld ein Modernisierungsprogramm aufgelegt hatte, wurde nach 1989 fortgeschrieben und weiterentwickelt. Besonderes Gewicht hatten dabei

• die werk- und detailgetreue Rekonstruktion der Außenhaut der Gebäude,
• die Entwicklung umweltverträglicher und ökologischer Modernisierungsstandards bei der Wahl von Baustoffen und -konstruktionen,
• die Sicherung der Gartennutzungen in den Innenhöfen
• sowie die Gestaltung des öffentlichen Raumes durch kleinteilige Einzelmaßnahmen.

Insgesamt rund 475 Wohnungen wurden modernisiert, mehr als 130 Gebäude wurden denkmalgerecht hergerichtet.

Am nördlichen Rande der Siedlung wurde auf dem ehemaligen Zechengelände ein ‚Kunstwald‘ gestaltet. Der erhaltene Förderturm ist eine weithin sichtbare Landmarke. Die ehemalige Maschinenhalle wird durch einen Künstler für Kunst- und Kulturveranstaltungen genutzt. Schließlich wurden auf zwei kleinen Brachgrundstücken am nordöstlichen Siedlungsrand 19 Sozialwohnungen für eine Mietergemeinschaft gebaut, die aufgrund eines Abrisses an einer anderen Stelle in Herne ihren Wohnort verlor. Die Mieter waren als ‚Quasi-Bauherren‘ von vornherein an Planung und Bau beteiligt.

Die Siedlung Teutoburgia
in den Siedlungsgrundrissen
von 1914 und 1987
und vor der Erneuerung

Foto: Scholz

Siedlung Fürst Hardenberg
Dortmund

Bauherr
TreuHandStelle GmbH, Essen

Architektur/Planung
WohnBund-Beratung NRW, Bochum, mit Rolf Becker, Köln;
Post und Welters, Dortmund (Rahmenplanung)
TreuHandStelle GmbH, Essen (Altbauerneuerung)
Christel Darmstadt, Bochum (Farbgestaltung)
WohnBundBeratung NRW, Bochum (Quartiersplanung)

Adresse
Herreckestraße, Wartenburgstraße, Tauroggenstraße in
Dortmund-Lindenhorst

Foto: Lippsmeier

Foto: Lippsmeier

Foto: Lippsmeier

Die Siedlung wurde Anfang der zwanziger Jahre nach einem Entwurf der Berliner Architekten Mebes und Emmerich als Werkssiedlung errichtet. Sie gehört bis heute zu den städtebaulich bedeutenden Arbeitersiedlungen in Dortmund. Viele Familien leben hier bereits über mehrere Generationen. Das gewachsene soziale Netz ist besonders dicht. Bauliche Selbsthilfe war schon immer an der Tagesordnung.

Ziel der 1990 begonnenen Erneuerung ist die langfristige Sicherung der hohen städtebaulichen, architektonischen und sozialen Qualitäten. Kernstück der Erneuerung ist es, über eine weitreichende Bewohnerbeteiligung eine auf die Bedürfnisse der Nutzer abgestimmte Alternative zur herkömmlichen ‚Standard-Modernisierung' zu entwickeln. Das Bauprogramm umfaßt demnach neben den denkmalgerecht wiederhergestellten Gebäudehüllen ein Bündel von gezielten, mit den Bewohnern individuell abgestimmten Eingriffen in die Gebäudesubstanz. Dieses Verfahren bringt Vorteile in bezug auf eine höhere Gebrauchsqualität ebenso wie auf die Kosten.

Der Umbau des ehemaligen ‚Ledigenwohnheims' für altengerechtes Wohnen und die Aktivierung eines ‚Bürgersaals' als Nachbarschaftshaus durch die aktive Siedlergemeinschaft runden das Projekt ab.

Foto: Blossey

117

‚Wohnen im Garten'
Neubausiedlung Fürst Hardenberg
Dortmund

Bauherr
TreuHandStelle GmbH, Essen

Architektur/Planung
Gerald Krysta und Planquadrat, Dortmund
TreuHandStelle GmbH, Essen
WohnBund-Beratung NRW, Bochum
(Bewohnerbeteiligung/Quartiersplanung)

Adresse
Schleifenstraße, Viereggenweg in Dortmund-Lindenhorst

Foto: THS

Foto: Blossey

Foto: Scholz

Am Rande der Siedlung Fürst Hardenberg wurden
29 öffentlich geförderte Sozialwohnungen einschließlich einer Gemeinschaftswohnung realisiert.
Die Siedlung zeichnet sich durch einen nachbarschaftlich orientierten Städtebau um einen autofreien grünen Anger, reihenhausähnliche Wohnformen mit kleinem Garten, Holzrahmenbauweise,
extrem niedrige Baukosten, Niedrigenergiehaus-
Standard und vieles andere mehr aus.
Besonderheiten sind die soziale Integration und die
Bewohnerbeteiligung. Die Bewohner der benachbarten Bergarbeitersiedlung wurden befragt,
welche Flächen aus ihrer Sicht für den Wohnungsneubau in Frage kämen. In die neuen Wohnungen
sollten Menschen einziehen, deren Eltern oder
Kinder in der alten Siedlung wohnen und dorthin
bereits soziale Bindungen haben. Das Interesse war
groß. Mit einem Kreis Wohninteressierter wurden
die Grundlagen des Wettbewerbs erarbeitet, Bewohner nahmen am Wettbewerbsverfahren teil,
mit ihnen wurden Grundrißalternativen ebenso
besprochen wie die Gestaltung des nachbarschaftlichen Freiraums.
Entstanden ist nicht nur eine schöne kleine Siedlung, sondern auch eine – im Verein ‚Spitzhacke
e.V.‘ zusammengeschlossene – soziale Mietergemeinschaft, die eine Gemeinschaftswohnung, Sied-
lungsfeste und die Pflege der Außenanlagen eigen-
verantwortlich organisiert.

Grundriß Erdgeschoß

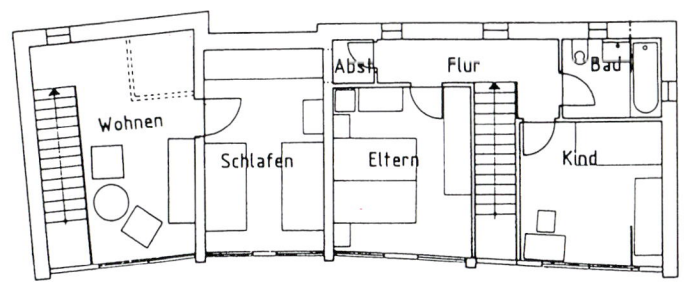

Grundriß Obergeschoß

Siedlung Welheim
Bottrop

Bauherr
VEBA Immobilien AG, Bochum

Planung
ASU – Uli Dratz, Oberhausen (Städtebauliches
Rahmenkonzept)
VEBA Immobilien AG, Bochum (Modernisierung)
Eduard Grosche, Bottrop (Quartiersarchitekt)
Ingenieurbüro Kaiser, Dortmund, ab 6. Bauabschnitt 1997
(Regenwasserkonzept)

Adresse
Welheimer Straße und viele andere in Bottrop-Welheim

Foto: Blossey

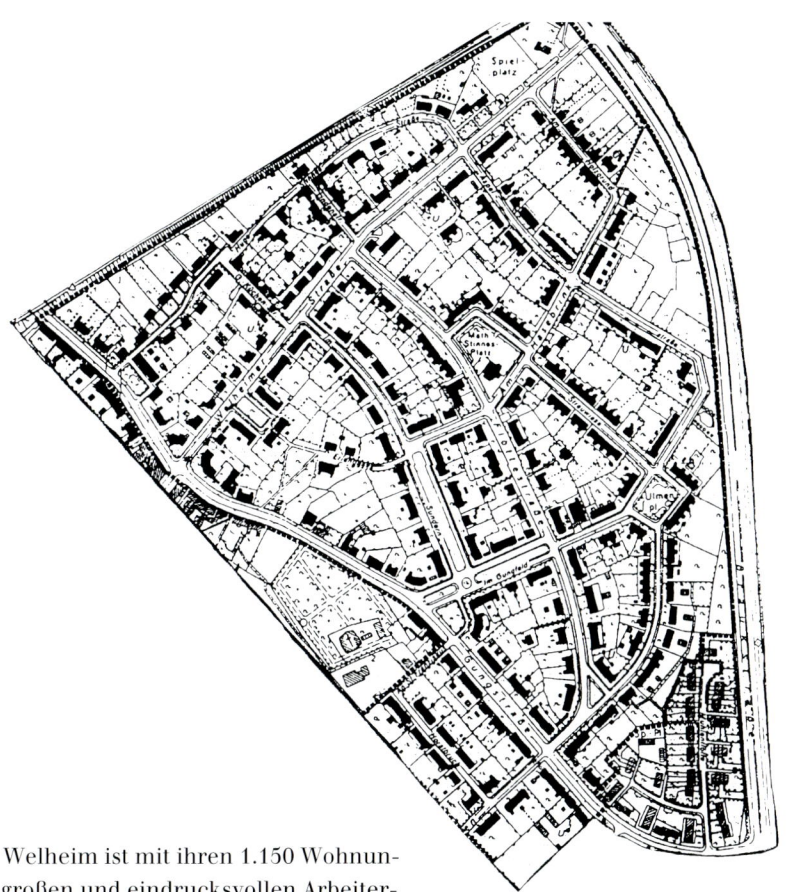

Foto: Blossey

Die Siedlung Welheim ist mit ihren 1.150 Wohnungen eine der großen und eindrucksvollen Arbeitersiedlungen im Ruhrgebiet. Sie wurde zwischen 1913 und 1923 nach dem Vorbild des englischen Gartenstadtmodells für die Bergleute der Zeche ‚Vereinigte Welheim' errichtet. Seit 1988/1989 wird sie schrittweise denkmalgerecht, ökologisch und sozialverträglich erneuert.

Im Rahmen der Modernisierung erhalten die Wohnungen neue Grundrisse mit Bädern und teilweise Anschluß an das Nahwärmesystem. Die Restaurierung von Dächern, Fassaden, Fenstern, Hauseingängen erfolgt denkmalgerecht. Baustoffe und -konstruktionen werden nach ökologischen Grundsätzen ausgewählt. Alle Wohnumfeldverbesserungsmaßnahmen für öffentliche Straßen und Plätze ebensowie für die privaten Freiflächen sind in ein Gesamtkonzept eingebunden, das der hohen Gestaltqualität und dem Denkmalwert der Siedlung Rechnung trägt. Hinzugefügt wurde eine neue Kindertagesstätte für vier Gruppen, davon zwei Tagesgruppen.

Die Mieterinnen und Mieter werden an der Erneuerung ihrer Siedlung im Rahmen eines kontinuierlichen ‚jour fixe' mit allen Akteuren und eines Erneuerungsbeirats aktiv beteiligt. Ein ‚Quartiersarchitekt' als lokaler Ansprechpartner organisiert und betreut diesen Beteiligungsprozeß in Zusammenarbeit mit dem Mieterrat und der Eigentümerin.

Foto: Vollmer

121

Siedlung Stemmersberg
Oberhausen

Bauherr
LEG Landesentwicklungsgesellschaft NRW (Wohngebäude)
Stemmersberger e. V. (Umfeld)

Planung
LEG Landesentwicklungsgesellschaft NRW (Wohngebäude)
afa – architektur fabrik aachen (Wohnumfeld)
Ingenieurbüro Kaiser, Dortmund (Regenwasserversickerung)

Adresse
Westerwaldstraße, Hügelstraße und viele andere
in Oberhausen-Osterfeld

Foto: Blossey

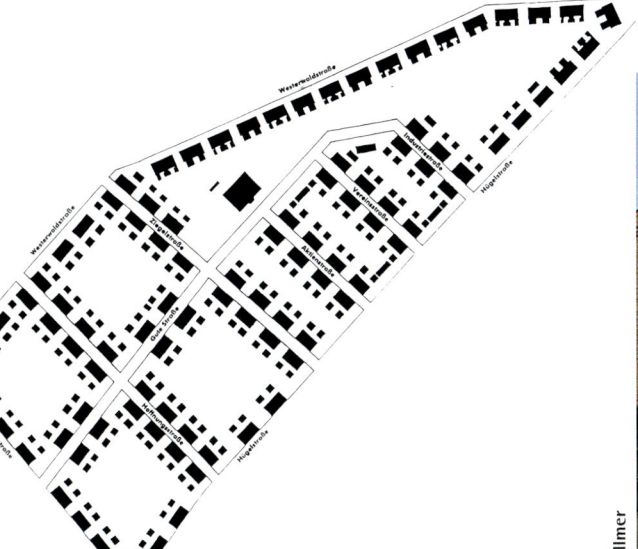

Foto: Vollmer

Die denkmalgeschützte, um die Jahrhundertwende gebaute gartenstädtische Arbeitersiedlung Stemmersberg zählt zu den geschlossenen und noch weitgehend unveränderten großen Arbeitersiedlungen im Ruhrgebiet. Ein in der Bewohnerschaft verankerter Mieterrat hat mit der Eigentümerin und dem Land ein Konzept zur Erneuerung der 389 Wohnungen in etwa hundert Gebäuden ausgehandelt, das mit sehr differenzierten Bau- und Mietenstandards arbeitet, weitgehend auf Bewohnerwünsche und die vorhandenen Selbsthilfeeinbauten und auf Belange der Denkmalpflege Rücksicht nimmt.

Für das Wohnumfeld gab es zunächst kein Handlungskonzept. Hier setzte der Mieterrat der Siedlung mit organisiertem Selbstbau in der Gruppe in einer eigenständigen Trägerschaft an: dem Stemmersberger e.V. Dieser Bewohnerträger baut in der gesamten Siedlung die Anlage zur Regenwasserversickerung im Freiraum, erneuert die Stallgebäude und verbessert das nachbarschaftliche Umfeld zwischen und hinter den Wohngebäuden. Um all dies zügig realisieren zu können, wird eine Werkstatt und ein kleiner Selbstbauhof aufgebaut und betrieben.

Im Ergebnis entsteht hier nach der Rheinpreußensiedlung in Duisburg-Homberg eines der größten Selbsthilfe- und Selbstverwaltungsprojekte im Wohnungsbestand.

Foto: Pötter

Siedlung Schüngelberg
Gelsenkirchen

Bauherr
TreuHandStelle GmbH, Essen

Architektur/Gestaltung
Architekturbüro Rolf Keller (Rolf Keller †, Christian Keller,
Nelly Keller), CH-Zumikon, mit Atelier am See,
Peter Poelzig, Duisburg (Neubau)
Künstler Hermann EsRichter, Oberhausen, und Klaus
Noculak, Berlin (‚Schienenplateau' und ‚Nachtzeichen' auf
der Halde Rungenberg)
itwh – Prof. Dr. Ing. F. Sieker + Partner GmbH, Hannover
(Regenwasserversickerung)
Pesch + Partner, Herdecke (Freiraumgestaltung)
Atelier Dreiseitl, Überlingen (Umgestaltung Lanferbach)

Adresse
Schüngelbergstraße und andere in Gelsenkirchen-Buer

Die historische Siedlung Schüngelberg ist zwischen 1897 und 1919 für die Bergleute der benachbarten Zeche Hugo gebaut worden. Das vom Zechenbaumeister Wilhelm Johow zwischen 1916 und 1919 entwickelte Siedlungserweiterungskonzept konnte jedoch aus wirtschaftlichen Gründen nicht vollendet werden. Nachdem ein Totalabriß der Siedlung in den siebziger Jahren verhindert werden konnte, blieb die Perspektive des Wohnstandorts lange unklar.

Torgebäude und Eingang zur alten Arbeitersiedlung vor und nach der Erneuerung

Kernstück des Projekts ist daher die Erneuerung des ‚totgesagten‘ Siedlungsstandorts zwischen Zeche, Halde und Zechenbahn. Erst die Verknüpfung der denkmalgerechten Erneuerung von etwa 300 Bergarbeiterwohnungen in der alten gartenstädtischen Siedlung mit dem Bau von rund 200 neuen Bergarbeitermietwohnungen, einer dreizügigen Kindertagesstätte und dem Bau einer neuen Siedlungsmitte mit Läden und Begegnungsräumen geben dem Siedlungsstandort die notwendigen Strukturverbesserungen für eine nachhaltige Bestandsentwicklung.

Modernisierung und Umfeldverbesserung wurden auch unter Beteiligung der zahlreichen türkischen Familien geplant.

Die Neubauwohnungen des Bergarbeiterwohnungsbaus folgen der Wohnform des Reihenhauses mit Garten und einem Schichtarbeiter-Schlafzimmer im Dachgeschoß.

Auch die Halde Rungenberg wurde nach den Plänen des Architekten Rolf Keller gestaltet. Sie wird aus der Siedlung heraus durch zentrale Achsen erschlossen und damit zum ‚Hausberg‘ der Siedlung.

Das Regenwasser im Alt- und Neubaubereich wird nicht mehr in das Kanalsystem, sondern im natürlichen Abfluß einem Bach am Haldenfuß zugeleitet und somit zum Gestaltungselement in der Siedlung und an deren Rand.

Siedlung und Halde – die zentrale Achse im Wettbewerbsentwurf von 1990 und kurz vor der Fertigstellung 1998

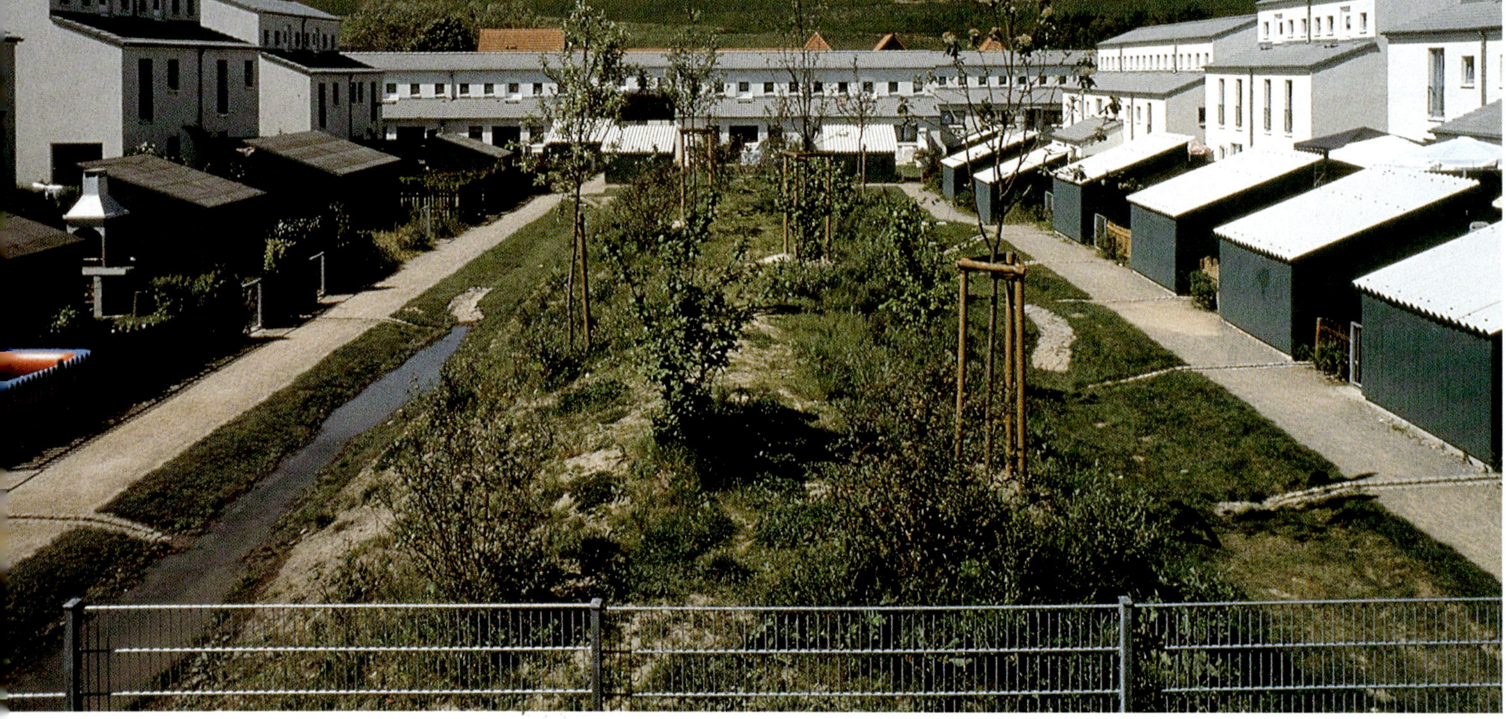

Foto: Vollmer

Foto: Blossey

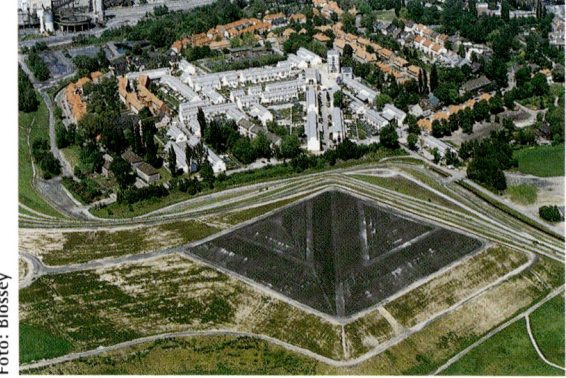

Kindertagesstätte in der
neuen Siedlungsmitte
Foto: Vollmer

Gartenstadt-Siedlung Seseke-Aue
Kamen

Bauherren
Investorengemeinschaft Seseke-Aue:
Wohnungsgenossenschaft Lünen e. G.;
Unnaer Kreis-, Bau- und Siedlungsgesellschaft mbH;
Hellweger Bauträger GmbH, Kamen

Architektur/Planung
Joachim Eble Tübingen (Städte- und Wohnungsbau)
Barbara Eble-Graebener, Tübingen (Farbgestaltung)
Landschaft Planen und Bauen – Manfred Karsch, Berlin
(Freiraumplanung)
WohnBund-Beratung NRW, Bochum (Quartiersplanung)

Adresse
Gertrud-Bäumer-Straße, Helene-Lange-Straße in Kamen

Foto: Lippsmeier

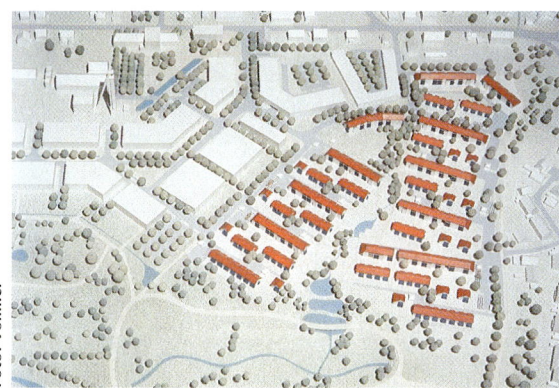

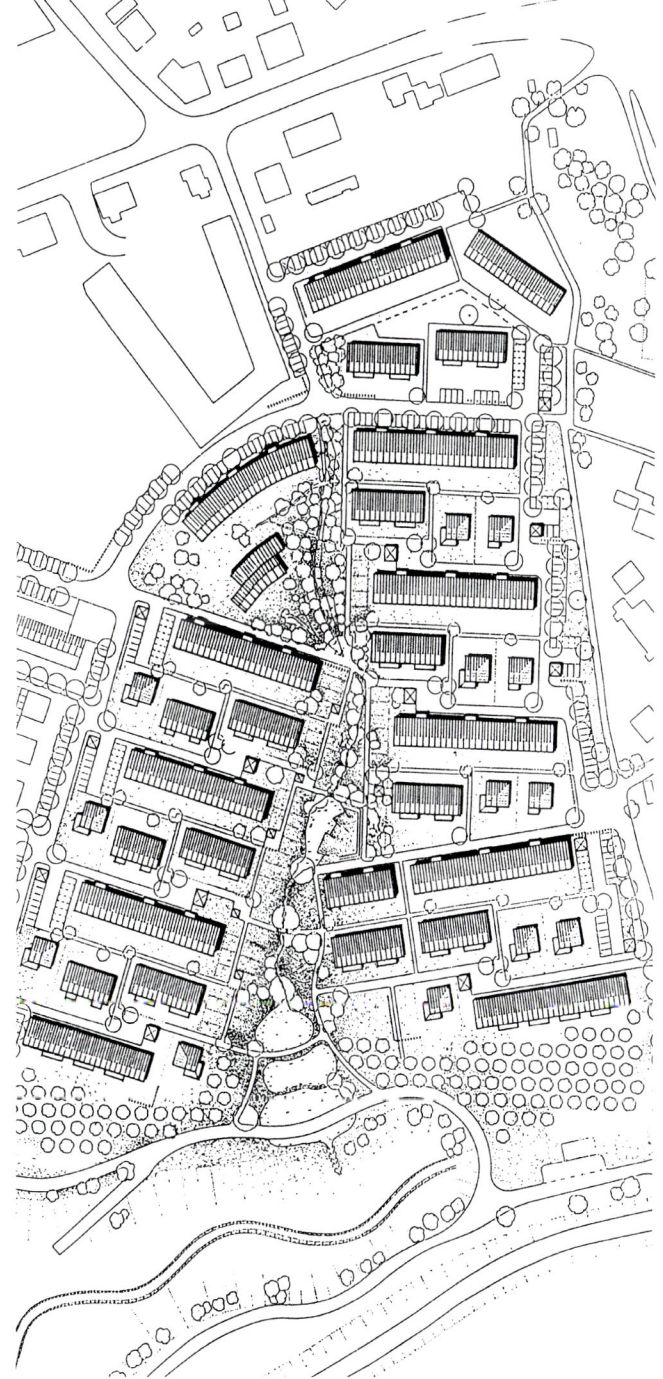

Auf einem rund 10,5 ha großen Teilstück der 1983 stillgelegten Zeche ‚Monopol' entstand eine neue Siedlung als Teil eines integrierten Entwicklungskonzepts für das Gesamtgelände mit Technologiezentrum, Gewerbe- und Landschaftspark sowie einer Umgestaltung des Flusses Seseke.

Das Programm von 160 öffentlich geförderten Mietwohnungen, 70 Eigentumswohnungen und 50 Reihen- und Einfamilienhäusern, von denen etwa 260 bis 1999 realisiert sind, wurde von einer Investorengemeinschaft als ‚Siedlung aus einem Guß' angegangen – trotz unterschiedlicher Träger- und Finanzierungsformen.

Der grüne Anger in der Verbindung zur Landschaft mit integriertem Regenwasserkonzept und Grabelandflächen in Nutzerselbstverwaltung prägt den Charakter der neuen gartenstädtischen Siedlung. Diese ist im Inneren autofrei organisiert. Der Wohnungsbau zeichnet sich durch differenzierte Grundrißangebote mit Wohnküchen und Allräumen aus. Der Niedrigenergie-Standard wird durch geschickte Kombination von Massiv- und Leichtbauweise (Putz ohne ‚Thermohaut') sowie konsequente Grundriß- und Gebäudezonierung zur Sonne erreicht. Die Baustoffauswahl in der gesamten Siedlung folgt weitgehend baubiologischen Kriterien. Die Bauten erhalten durch eine differenzierte Farbgebung zusätzlich gestalterische Kraft.

Foto: Vollmer

Foto: Lippsmeier

Über die kleinen Hausgärten hinaus:
Grabeland im „Siedlungsanger" des
Bewohnervereins „Grüne Aue e. V."
Foto: Vollmer

Grundriß-, Gebäude- und
Außenraumtypologie eines
Wohnhofs
(Plan: Joachim Eble)

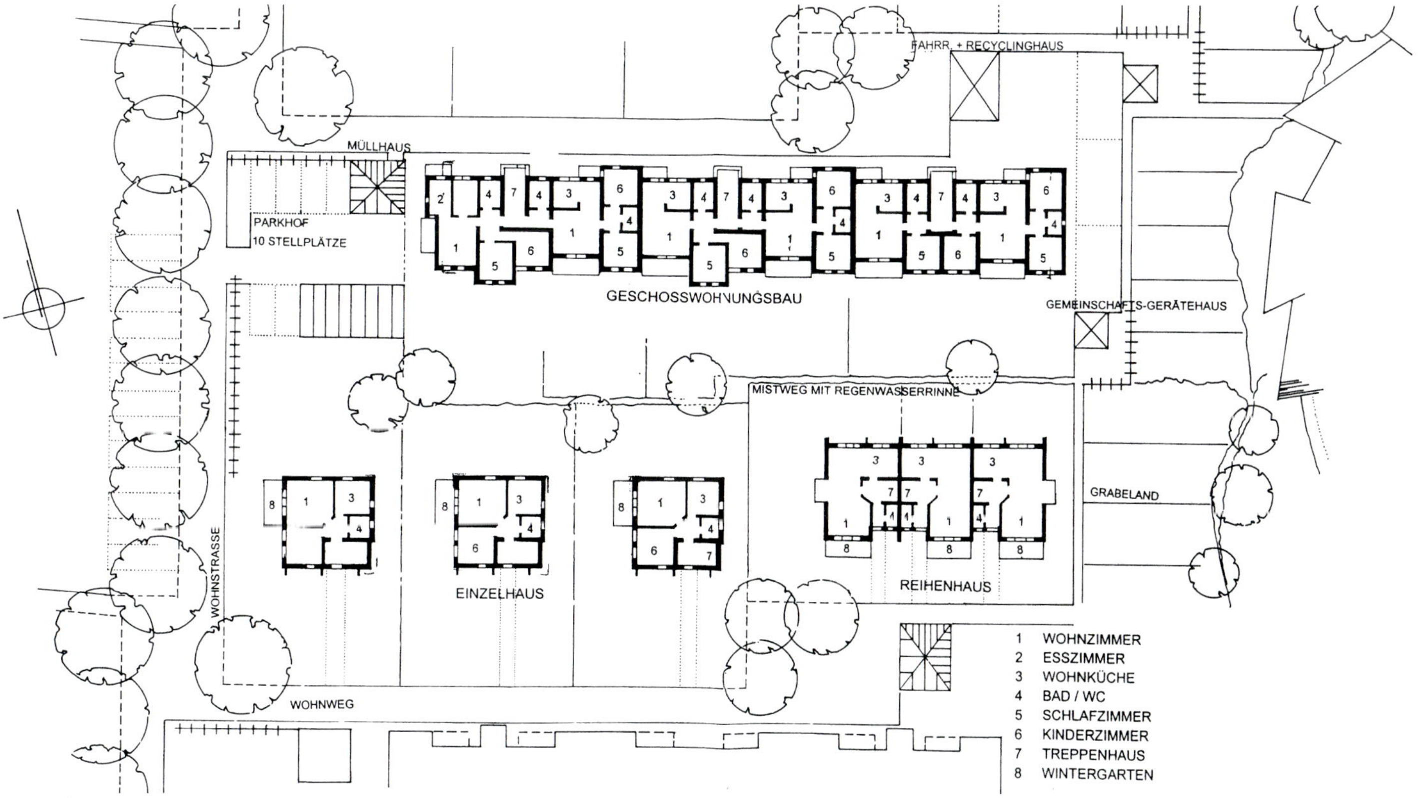

FAHRR. + RECYCLINGHAUS

MÜLLHAUS

PARKHOF
10 STELLPLÄTZE

GESCHOSSWOHNUNGSBAU

GEMEINSCHAFTS-GERÄTEHAUS

MISTWEG MIT REGENWASSERRINNE

GRABELAND

WOHNSTRASSE

EINZELHAUS

REIHENHAUS

WOHNWEG

1 WOHNZIMMER
2 ESSZIMMER
3 WOHNKÜCHE
4 BAD / WC
5 SCHLAFZIMMER
6 KINDERZIMMER
7 TREPPENHAUS
8 WINTERGARTEN

Wohn- und Gewerbepark Zeche Holland
Bochum

Bauherr
Ruhr-Lippe Wohnungsgesellschaft mbH, Dortmund
(Wohngebäude)

Architektur/Planung
LEG NRW, Geschäftsbereich Westfalen Mitte, Dortmund,
mit Meinolf Bertelt-Glöß, Ted Kupchevsky, Werner
Remscheid und Planungsbüro Drecker, Kirchhellen
(Erster Bauabschnitt)
LEG Landesentwicklungsgesellschaft NRW, Geschäfts-
bereich Westfalen Mitte, Dortmund, mit Stefan Bisewski
und Peter Freudenthal sowie Planungsbüro Drecker,
Kirchhellen (Zweiter Bauabschnitt)
Planergruppe Oberhausen (Freiraumplanung ‚Park')

Adresse
Weststraße in Bochum-Wattenscheid

Foto: Liedtke

Foto: Scholz

Der Wohnungsbau ist Bestandteil eines integrierten
Entwicklungskonzepts für die Reaktivierung des
insgesamt 22 ha großen ehemaligen Betriebs-
geländes der Zeche ‚Holland 3/4/6' in Bochum-
Wattenscheid. Kernstück des neuen Gewerbe- und
Technologieparks sind die umgenutzten, denkmalgeschützten Kauen und die Lohnhalle der Zeche.
Der ‚Wohn- und Gewerbepark Holland' verbindet
das Zentrum von Wattenscheid mit dem Stadtteil
zentrum Leithe.

Mit dem Gewerbegebiet durch einen Park und einer
aus dem Regenwasser des gesamten Gebietes ge-
speisten Teichanlage verbunden, gliedert sich die
Wohnbebauung an der Weststraße in zwei Bauab-
schnitte: 113 familien- und altengerechte Wohnungen westlich des neuen Hollandplatzes – integriert
ist eine Sozialstation im ehemaligen Pförtnerhaus –
und 70 Altenwohnungen (davon vier große Behin-
dertenwohnungen) östlich des Platzes mit einem
Gemeinschaftshaus am Regenwasser-See.

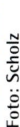

Foto: Hans Blossey

Neuer Stadtteil Prosper III
Bottrop

Bauherren
Rhein-Lippe Wohnungsgesellschaft, Duisburg;
VEBA Immobilien AG, Bochum (Rheinstahlstraße)
Montan-Grundstücksgesellschaft, Essen (Beckheide)
Verein Soziale Dienste e. V., Bottrop (Wohnen PLUS)

Architektur/Planung
Trojan + Trojan + Neu, Darmstadt (Städtebau)
Atelier O + S; Oswald und Schneiter, CH-Bern,
mit Arnold Rupprecht, Bochum und
Stefan Rotzler, Gockhausen/Zürich (Rheinstahlstraße)
Tegnestuen Vandkunsten – Carsten Lorenzen, DK-Kopen-
hagen, mit Bernd Brambring, Bottrop (Beckheide)
Büro Karlhans Pfleiderer, Neuss (Wohnen PLUS)
Planungsgruppe Brigitte Schmelzer und Angela Bezzen-
berger mit Klaus Begasse, Stuttgart, und H. W. Kuhlmann,
Moers (Landschaftsgestaltung Prosper-Park)

Adresse
Gladbecker Straße/Rheinstahlstraße in Bottrop

Foto: Blossey

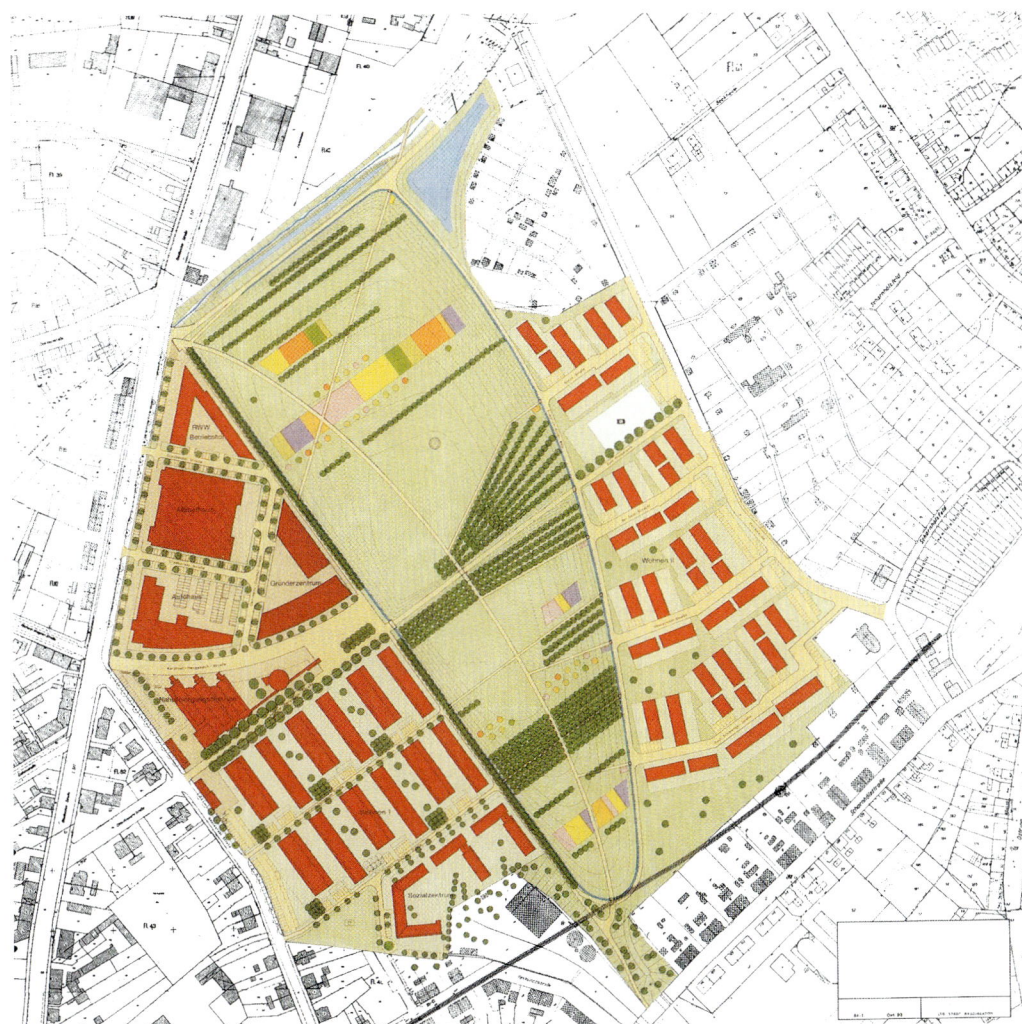

Zeche Prosper III
im Jahr 1928
Foto: KVR

1986 wurde die Zeche ‚Prosper III‘ geschlossen und danach bis auf die Torhäuser, eine Platanenallee am alten Zecheneingang und einen Teil der Zechenmauer abgerissen. Nach 1989 ist hier unweit der Innenstadt Bottrops ein neuer Stadtteil entstanden mit insgesamt 450 Wohnungen, einem Gewerbegebiet mit Gründerzentrum, einem kleinen Nahversorgungszentrum, einer Altenwohn- und Betreuungsstation, einer fünfzügigen Kindertagesstätte und einem Stadtteilpark.

Die Altlasten der ehemaligen Kokerei wurden am Ort durch Überdeckung mit dem Bodenaushub der Baugebiete gesichert. In den Baugebieten wurde das ehemalige Zechengelände bis auf den gewachsenen Boden freigeräumt, um eine risikofreie Nachfolgenutzung zu gewährleisten. Diese Art des Altlasten- und Bodenmanagements führt zu einer vergleichsweise unaufwendigen Geländeaufbereitung. Der Prosperhügel war von Anfang an Gegenstand des Gestaltungskonzepts für einen Park.

Das Projekt kann als ‚Schnelläufer‘ des Brachflächenrecycling gelten. Durch enge Kooperation aller

Planungsbeteiligten über ‚Runde Tische‘ mit Investoren und den von diesen beauftragten Architekten, Stadt- und Grundstückseignern wurden komplexe städtebauliche Planung und qualitätvolle Projektentwicklung zusammengeführt.

Das städtebauliche Rahmenkonzept als Ergebnis eines bundesweit offenen Wettbewerbs wurde durch architektonisch, städtebaulich und sozial profilierte Wohnungsbauprojekte ausgefüllt.

Das städtische Wohnquartier:
Siedlung an der Rheinstahlstraße

Das 246 Mietwohnungen umfassende neue Wohnquartier an der Rheinstahlstraße fällt durch seine strenge städtische Struktur auf. Die Wohnanlage zeigt auf den zweiten Blick, wie sich hohe Wohnwerte und Gebrauchsqualität in vergleichsweise hoher baulicher Dichte im städtischen Umfeld realisieren lassen. Die Wohnanlage ist auch ein Stück sozialer Wohnungsversorgung; dafür sorgen die sozialgebundenen Mieten ebenso wie Gemeinschaftseinrichtungen für die Betreuung der Kinder, für

135

Gartensiedlung Beckheide
Foto oben: Brenner
Foto rechts: Vollmer

Hobby, Versammlungen und Weiterbildung im Quartier.

Die Gartensiedlung Beckheide

Die 130 Eigenheime der Gartensiedlung Beckheide folgen einem ‚typisch dänischen' Konzept. Die neue Siedlung aus vorwiegend zweigeschossigen Reihenhäusern bildet eine Einheit, gliedert sich gleichwohl in kleinere, überschaubare Wohnquartiere und Nachbarschaften. Diese liegen wie ‚Inseln' zwischen aus halböffentlichen und gemeinschaftlichen Wiesenflächen bestehenden Freiräumen. Zur Siedlung wird ein durch einen Siedlerverein betriebenes Gemeinschaftshaus gehören. Der Verein kümmert sich auch um die Pflege und den Unterhalt der gemeinschaftlichen Grünflächen, einer ‚Obstwiese' sowie der Spielflächen für die Kinder.

Kindertagesstätte

Eine Kindertagesstätte ist Teil dieses Gebietes. Sie liegt an der zentralen Achse zwischen den unterschiedlichen Baugebieten des Prosper-Quartiers.

Wohnen PLUS

In einem vom Verein Soziale Dienste, Bottrop, getragenen integrierten Altenwohnmodell sind Alten- und Mehrgenerationenwohnen, Kurzzeit- und Tagespflege, Weiterbildung, Mittagstisch, örtliche Begegnungsstätte und mobile Dienste unter einem Dach vereint.

Der Prosper-Park

Als Kern des neuen Stadtteils ist der Prosper-Hügel als Park und Kunstlandschaft allgegenwärtig. Nüchtern betrachtet, ist er das Ergebnis der Altlastensanierung und eines intelligenten Bodenaufbereitungsmanagements. Die Landschaftsarchitektur arbeitet einerseits bewußt mit der Künstlichkeit dieses Hügels und andererseits gleichermaßen mit natürlichen Landschaftselementen. Der Park soll zum Naherholungsgebiet vor der Haustür werden: Spielfeld, Aussichtspunkt, Spazierlandschaft, Joggingkurs – ‚grüne Mitte'. Ein Fuß- und Radwegenetz verknüpft ihn mit dem Grünzugsystem und den Parks der Stadt Bottrop.

Wohnen PLUS
Foto: Vollmer

Siedlung an der
Rheinstahlstraße
Foto oben: Vollmer
Foto unten: Scholz

Küppersbusch-Siedlung
Gelsenkirchen

Bauherren
TreuHandStelle GmbH, Essen; Ruhr Lippe Wohnungs-
gesellschaft mbH, Dortmund; Gemeinnützige
Wohnungsbaugenossenschaft Gelsenkirchen und
Wattenscheid eG; Heidemann Bauunternehmung,
Gelsenkirchen; Bau + Grund Immobilien GmbH,
Gelsenkirchen; Gelsenkirchener Gemeinnützige
Wohnungsgesellschaft; Philipp Hausbau GmbH,
Oberhausen

Architektur/Planung
Szyszkowitz – Kowalski, A-Graz (Städtebau und Hochbau,
in einem Teilbereich BauCoop, Arthur Mandler, Köln)
Szyszkowitz – Kowalski, A-Graz, mit Siegfried Brandenfels,
Münster (Freiraumgestaltung)

Adresse
Boniverstraße/Küppersbuschstraße in Gelsenkirchen-
Feldmark

Foto: Scholz

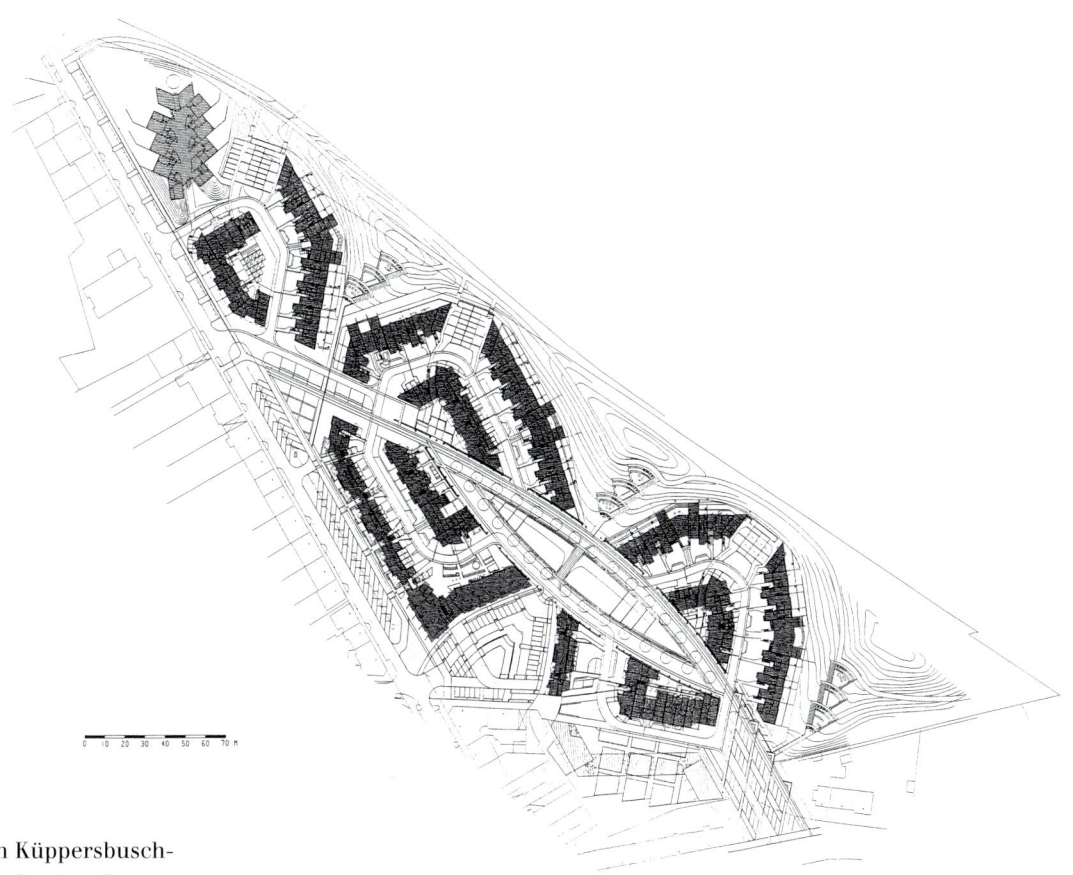

Die Verlagerung der ehemaligen Küppersbusch-
Herdfabrik war im Rahmen der ‚alten' und teuren
Sanierungspolitik eine der letzten Betriebsverlage-
rungen in Nordrhein-Westfalen Anfang der achtziger Jahre. Nach einem Wettbewerb (1990) ist eine
der größten geschlossenen Neubausiedlungen der
achtziger und neunziger Jahre im Ruhrgebiet entstanden: 261 Wohnungen, davon 206 öffentlich
geförderte Mietwohnungen (Erster und Zweiter
Förderweg, Altenwohnungen), 34 freifinanzierte
Mietwohnungen, 21 Eigentumswohnungen und
einige Ladenlokale. Hinzu kommt eine Tagesein-
richtung für Kinder mit fünf Gruppen, in denen
behinderte und nicht behinderte Kinder gemeinsam
betreut werden, darüber hinaus die Herrichtung
eines kleinen Stadtteilparks mit Spielangeboten sowie ein zentraler Platz mit räumlicher Beziehung
zum Stadtteil Feldmark.
Ungewöhnlich ist die ausdrucksstarke Architektur
der Grazer Architekten Szyszkowitz und Kowalski
und der Umgang mit dem Regenwasser im Gebiet.
Die linsenförmige Anlage ist das städtebauliche
Herzstück der Siedlung und zugleich Regenrückhal-
te- und Versickerungsbereich. Das Dachwasser von
fast 80 Prozent der Siedlung wird in einem hochlie-
genden ‚Rinnensystem' zur Siedlungsmitte geführt.
Das Rinnensystem ist damit der ‚silberne Faden',
der die Gebäude zusammenführt und wie ein Aquädukt die zentrale Platzfläche einfaßt.

Die ‚Linse' als grüne Siedlungsmitte
Foto: Scholz

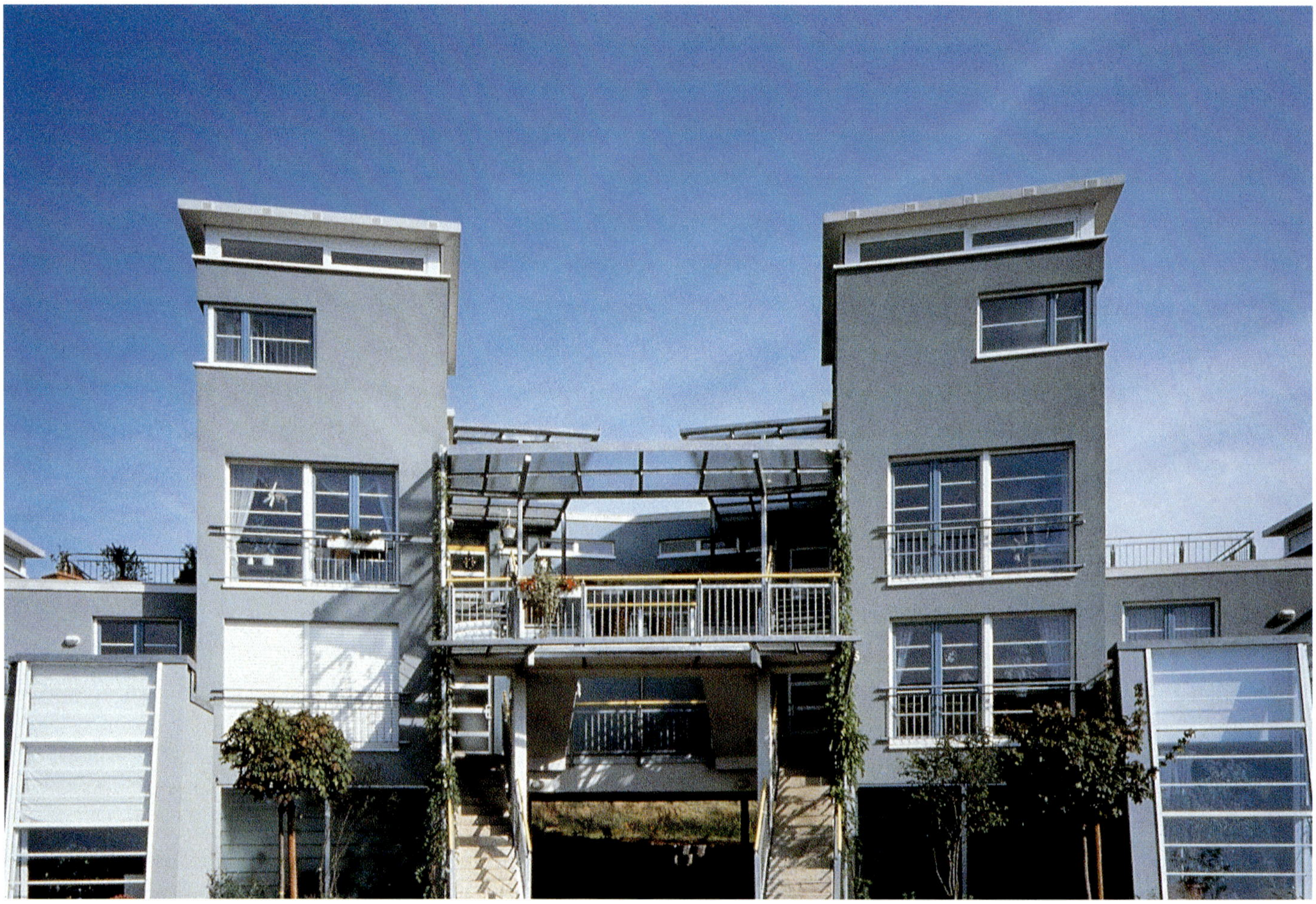

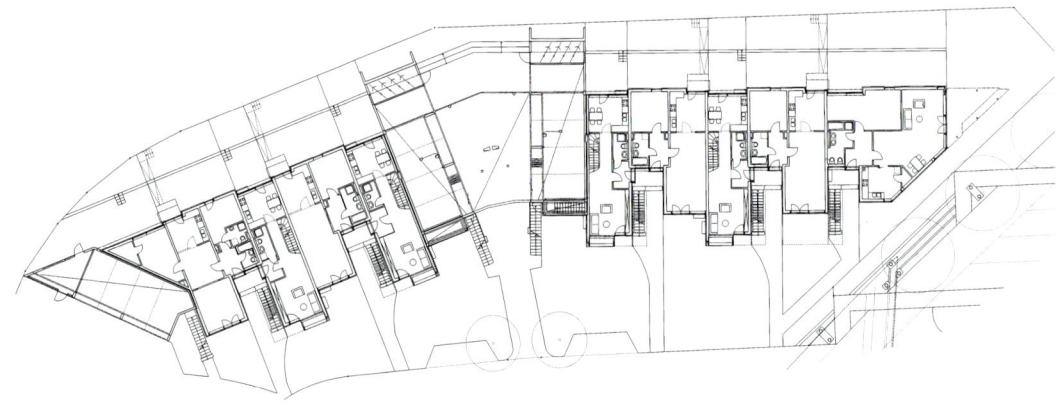

Grundrißbeispiele Erdgeschoß

0   5   10   15 M

Der Siedlungseingang mit
Ladenlokalen und
städtischem Platz
Foto: Vollmer

Foto: Vollmer

Die Kita am nördlichen
Siedlungsende
Foto: Blossey

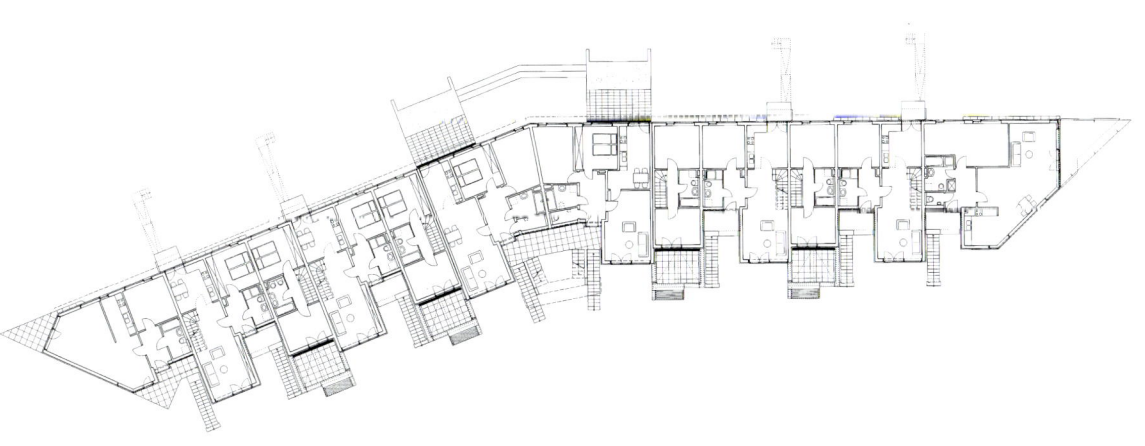

Grundrißbeispiele 1. Obergeschoß

0   5   10   15 M

CEAG-Siedlung
Dortmund

Bauherren
Dortmunder Gemeinnützige Wohnungsbaugesellschaft mbH (DOGEWO), Dortmund; Ruhr-Lippe-Wohnungsgesellschaft GmbH, Dortmund; TreuHandStelle GmbH, Essen

Architektur/Planung
Hubert Riess, A-Graz (Entwurf Neubau)
Fuhrmann, Winkler + Partner, Dortmund (Ausführung – Neubau)
Pesch und Partner, Herdecke sowie Rüdiger Brosk, Essen (Freiraumplanung)
Miksch und Partner, Düsseldorf (Umbau Verwaltungsgebäude)
Müller + Partner, Willich (Freiraumplanung)
WohnBund-Beratung NRW, Bochum (Quartiersplanung)

Adresse
Eberstraße in der Dortmunder Nordstadt

Foto: Lippsmeier

Foto: Blossey

Das ehemalige Firmengelände der CEAG-Dominit Fabriken gehört zu den letzten innerstädtischen Wohnbaustandorten Dortmunds, in denen im größeren Siedlungszusammenhang Stadtterweiterung durch Innenentwicklung betrieben werden konnte. Auf dem rund 3,5 ha großen Gelände ist eine geschlossene Siedlung mit 245 neuen Wohnungen, einer vierzügigen Kindertagesstätte und weiteren 30 Wohnungen im denkmalgeschützten ehemaligen CEAG-Verwaltungsgebäude entstanden.

Das Neubauprojekt ist mit Niedrigenergiehaus-Standard, Gründach, Regenwasserrückhalte- und Versickerungskonzept im Gebiet, Gemeinschaftsräumen, autofreier Organisation des Siedlungsinnern und hoher Architektur- und Gebrauchsqualität zugleich ein Beispiel für einen kostengünstigen sozialen Mietwohnungsbau – die reinen Baukosten lagen bei 1 800 bis 1 900 Mark pro Quadratmeter Wohnfläche.

Die städtebauliche Struktur ist geprägt durch die lange, viergeschossige ‚Wohnschlange' entlang der Eberstraße, die nach Süden orientiertes, ruhiges Wohnen ermöglicht. Dahinter liegen Mietwohnungen in ein- und zweigeschossiger Bauweise. Dieser Teil ist erstmals in Dortmund und auch landesweit eines der größten Holzbauprojekte im Mietwohnungsbau.

Foto: Lippsmeier

Foto: Lippsmeier

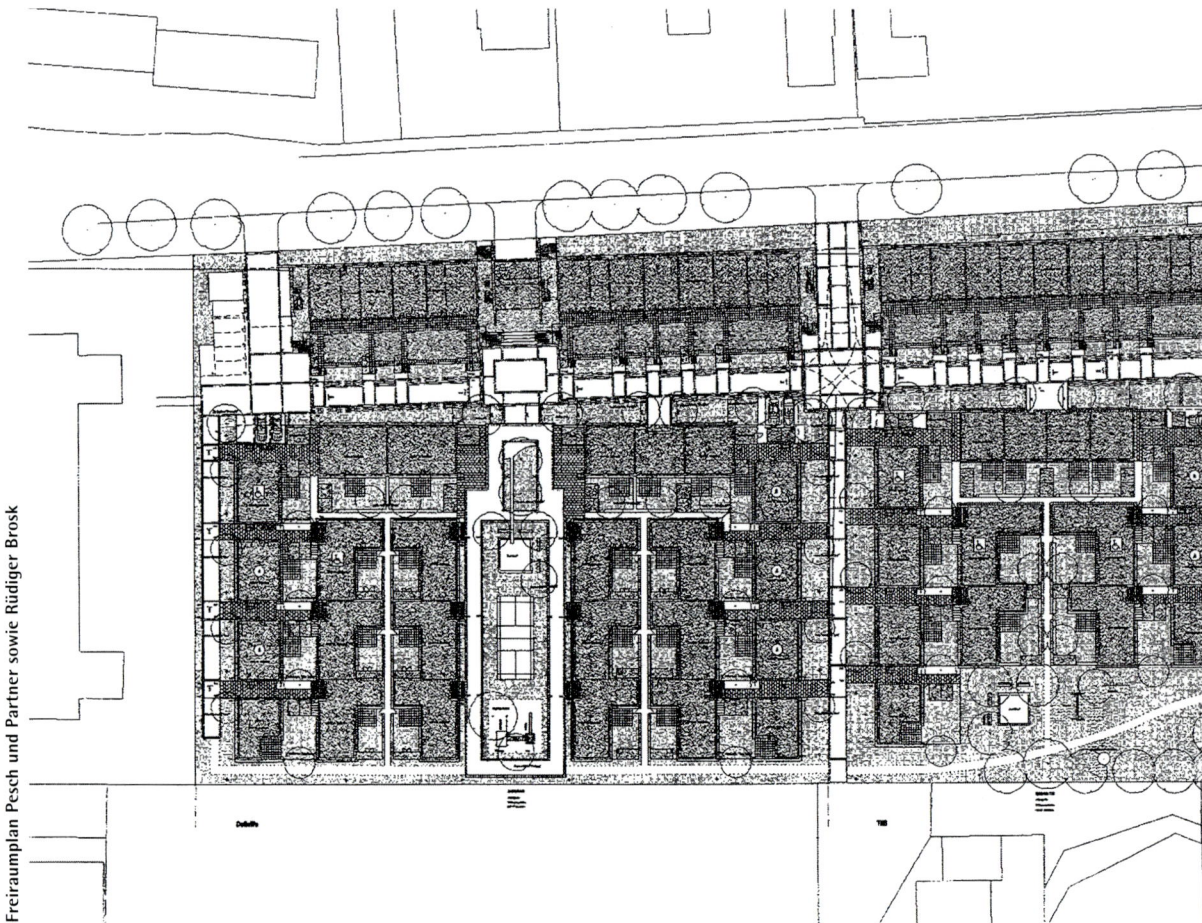

Freiraumplan Pesch und Partner sowie Rüdiger Brosk

Foto: Lippsmeier

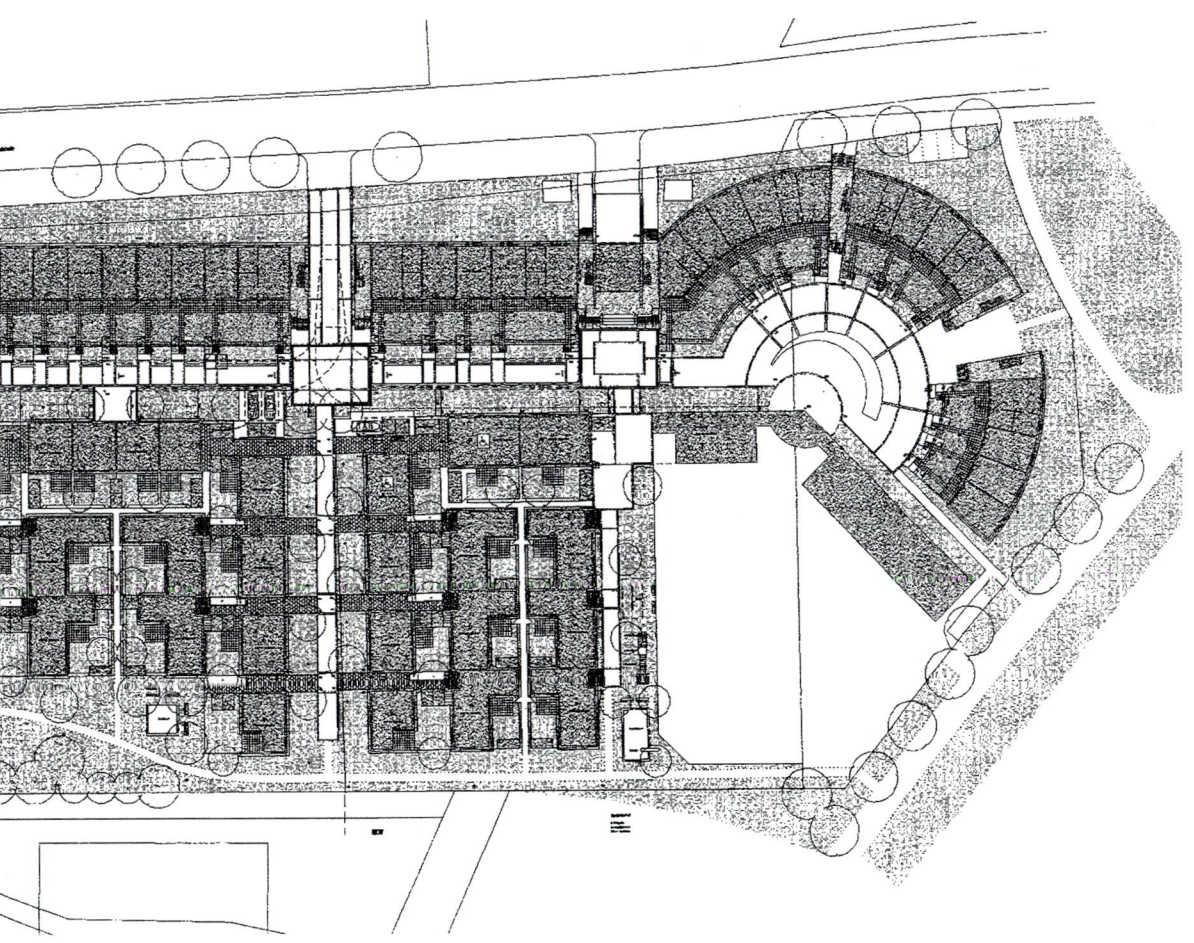

Siedlung an der Immermannstraße
Dortmund

Bauherr
Dortmunder Stadtwerke AG, Dortmund

Architektur/Planung
Otto Steidle mit Ralf Rasch, München; Peter Schmitz, Köln
Latz und Partner, Kranzberg (Freiraumplanung)

Adresse
Immermannstraße in der Dortmunder Nordstadt

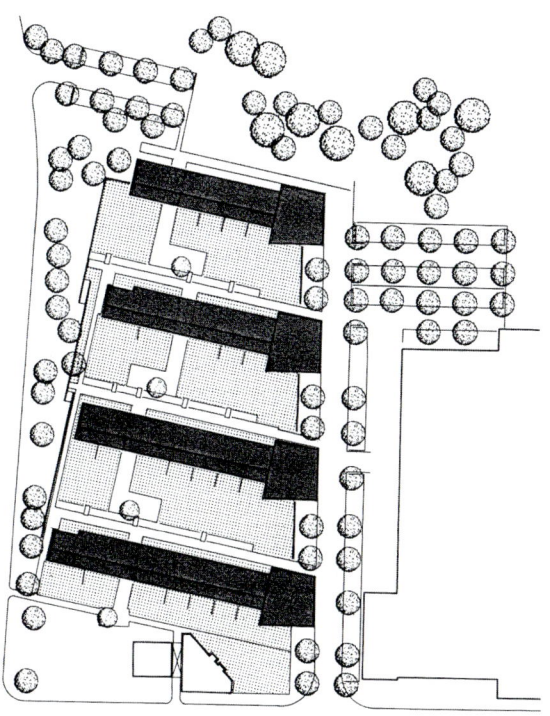

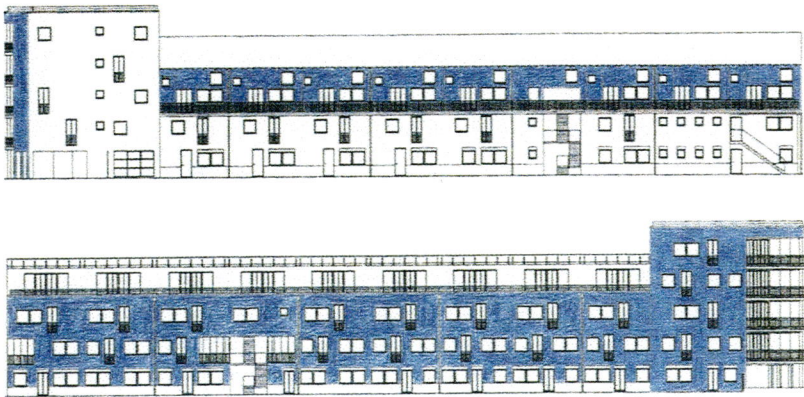

Die Dortmunder Stadtwerke haben Mitte der neunziger Jahre ihr Straßenbahndepot in der Dortmunder Nordstadt aufgegeben. Auf der östlichen Grundstückshälfte wird die denkmalgeschützte Hauptwerkstatt u. a. durch einen Verein von Künstlern, Theaterleuten, kleinen Gewerbebetrieben und eine Nachbarschaftswerkstatt umgenutzt.

Die westliche Grundstückshälfte wird nach einem Wettbewerbsverfahren mit internationaler Beteiligung mit 104 Wohnungen neu bebaut. Die klare Ausrichtung der vier Gebäudezeilen nach Süden mit den Kopfgebäuden zum Depot, die offenen Erschließungsformen mit Laubengängen und Stegen und die Farbgebung signalisieren in der Dortmunder Nordstadt eine prägnante Siedlung im Übergang von der Dortmunder Nordstadt zum Fredenbaumpark. Die Siedlung wird als städtische Wohnform angeboten, die Wohnungen werden als freifinanzierte Mietwohnungen vermarktet. Es gibt 15 Wohnungstypen zwischen 34 und 98 Quadratmetern Wohnfläche, vom Appartement bis zur Vierraumwohnung und zur Maisonettewohnung mit Galerie.

Foto: Splett

147

Hülsmann-Siedlung
Herne

Bauherren
Herner Gemeinnützige Wohnungsbaugesellschaft mbH;
Wohnungsgenossenschaft Herne-Süd e. G.;
Gemeinnützige Wohnungsbaugenossenschaft Selbsthilfe
Wanne-Eickel e. G.; Wohnungsverein Herne e. G.

Architektur/Planung
Schuster Architekten, Düsseldorf (Entwurf)

Adresse
Eickeler Markt/Schultenhof in Herne-Eickel

Foto: Wenzel

Foto: Brenner

Nach Schließung und Abriß von Teilen der alten Hülsmann-Brauerei galt es, das Gelände im Herzen des Stadtteils Eickel und am Rande des Eickeler Markts neu zu ordnen, eine neue Siedlung mit über 80 öffentlich geförderten Wohnungen zu bauen, in diesem Zusammenhang einen städtischen Platz mit Dienstleistungen zu beleben und nicht zuletzt das denkmalgeschützte ehemalige Sud- und Treberhaus als Bürgerbegegnungsstätte und Bezirksverwaltungsstelle umzunutzen.

Die städtebaulichen und architektonischen Qualitäten wurden in einem Wettbewerbsverfahren entwickelt. Die wesentliche Qualität liegt in der schwierigen Vermittlung der ‚intimen' Wohnsiedlung um einen geschlossenen Wohnhof mit dem neu geschaffenen Platz mit dem Sud- und Treberhaus und dem Übergang zum Eickeler Markt. Auch in der drei- bis viergeschossigen Bebauung spiegeln sich über außenliegende Treppen und Laubengänge Qualitäten des ‚Reihenhauses auf der Etage'.

Mit den Bewohnern wurden Teile des Wohnhofs, mit den Kindern die Spielbereiche gestaltet. Ein Bewohnerverein hat Nutzung und Betrieb der Gemeinschaftsräume übernommen.

Foto: Wenzel

Siedlung ‚Im Ziegelgrund‘
Recklinghausen

Bauherr
Wohnungsgesellschaft Recklinghausen mbH

Architektur/Planung
Kostulski + Kaut, Aachen (Städtebau)
Thomas Kostulski, Köln (Hochbau)

Adresse
Dortmunder Straße in Recklinghausen

Foto: Blossey

Foto: Lippsmeier

Für das Gelände einer ehemaligen Ziegelei im
Westen von Recklinghausen waren bereits in den
achtziger Jahren Überlegungen für ein ökologisches
Siedlungsgebiet angestellt worden. 1986 wurden die
Planungen mit einem Preis im Landeswettbewerb
‚Ökologisches Bauen' in Nordrhein-Westfalen aus-
gezeichnet.

Die zunächst für Eigenheime konzipierte Siedlungs-
planung wurde schließlich Anfang der neunziger
Jahre im Zeichen erhöhten Wohnungsbedarfs in
Teilbereichen für den öffentlich geförderten Mietwohnungsbau überarbeitet. Das Siedlungsgebiet umfaßt rund 100 Mietwohnungen und 70 freifinanzierte
Eigenheime und Eigentumswohnungen. Niedrigenergiehaus-Standard, Regenwassernutzung, Grün-
dächer und innovative Techniken zur Kraft-Wärme-
Kopplung sind die ‚klassischen' Elemente des
ressourcenschonenden Bauens, die hier konsequent
umgesetzt wurden. Die Architektursprache dagegen
lehnt sich nicht an die noch in den achtziger Jahren
entwickelten, sehr differenzierten und kleinteiligen
Gestaltattribute des ‚ökologischen Bauens' als vielmehr an die Moderne der zwanziger Jahre an.
Eine Kindertagesstätte bildet den Endpunkt eines
großzügigen Grünraums, der den realisierten Mietwohnungsbau von den noch geplanten Eigenheimen trennt.

Foto: Lippsmeier

'Frauen planen und bauen' Wohnprojekt Ebertstraße Bergkamen

Bauherr
Wohnungsbaugenossenschaft Lünen e. G., Lünen

Architektinnen
Monika Melchior und Heinke Töpper, Bielefeld

Adresse
Ebertstraße 22 in Bergkamen

Foto: Vollmer

,Frauen planen und bauen' – der Projekttitel war Programm für ein außergewöhnliches Bauprojekt mitten in Bergkamen. Ziel war es, die vor allem von Frauen vorgetragene Kritik an den starren Normen des sozialen Wohnungsbaus aufzugreifen und mit neuen Wohnungsgrundrissen zu experimentieren, die insbesondere den Wohnbedürfnissen von Frauen in unterschiedlichen Lebenssituationen Rechnung tragen.

1990 wurde ein bundesweit offener Wettbewerb ausgelobt. An dem Wettbewerb, der sich ausschließlich an Frauen richtete, beteiligten sich über 70 Architektinnen und Planerinnen. Im Januar 1991 wurde der Wettbewerb ebenfalls durch ein ausschließlich mit Frauen besetztes Preisgericht juriert.

Die Beteiligung der Mieter und Mieterinnen am Planungs- und Umsetzungsprozeß war ein weiterer Schwerpunkt im Verfahren. Entstanden ist ein Projekt mit 28 öffentlich geförderten Mietwohnungen einschließlich einer Gemeinschaftswohnung und zwei Gewerbelokalen. Zwei Gebäudekörper bilden einen offenen Raum mit einer ,Straße' und allen Wohnungszugängen.

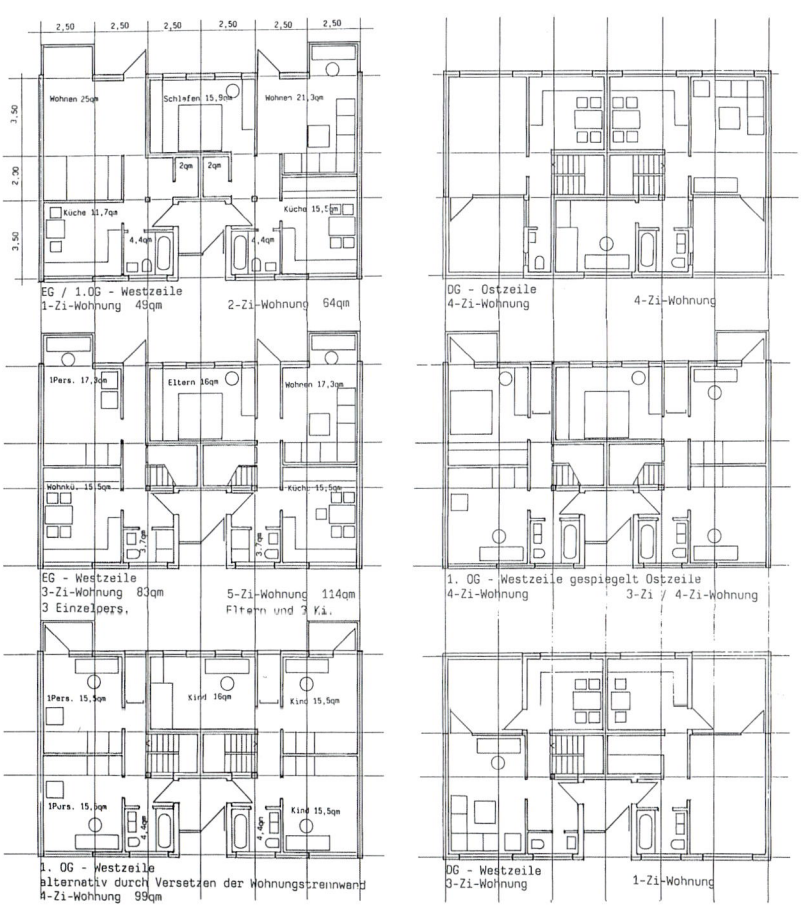

Wohnungstypologie Wettbewerbsentwurf (Melchior, Töpper)

‚Alternatives Wohnen' – Wohnprojekt ‚Tor zur Südstadt' Recklinghausen

Bauherr
Wohnungsgesellschaft Recklinghausen mbH,
Recklinghausen

Architektur/Planung
Erster Bauabschnitt:
Ursula Ringleben, Düsseldorf; Christa Reicher, Aachen
(Hochbau und Freiraumplanung)
WohnBund Beratung NRW, Bochum (Nutzerbeteiligung/
Moderation/Quartiersplanung)
Zweiter Bauabschnitt:
Reicher/Haase Architekten – Christa Reicher, Aachen
(Hochbau)

Adresse
Bochumer Straße 38–40 in Recklinghausen-Süd

Foto: Lippsmeier

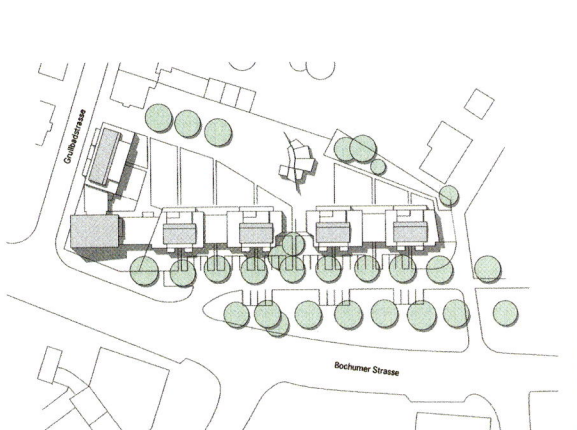

Foto: Lippsmeier

Das Wohnprojekt mit 37 öffentlich geförderten Mietwohnungen an der Einfahrt zum Stadtteil Recklinghausen-Süd ist einer der Bausteine in der Strategie einer Stadtteilentwicklung durch qualitative Einzelprojekte. Bei der kleinen Siedlung handelt es sich um ein zielgruppenbezogenes Wohnprojekt für Alleinerziehende, das in seinem 1. Bauabschnitt durch intensive Bewohnerbeteiligung schon im frühen Planungsprozeß inhaltlich „von unten" und im Dialog mit den Architektinnen ausformuliert wurde. Der Bau des Gemeinschaftshauses, Gartenprojekte und das konflikthafte Wachsen des sozialen Zusammenhalts einer Nachbarschaft ergaben sich aus der Partizipation im Planungs- und Bauprozeß.

Im Mittelpunkt des Planungsverfahrens stand das Experiment, die zukünftigen Nutzer von Anfang an in den Planungsprozeß einzubinden: drei Gutachten im kooperativen Planungsverfahren, Beratung und Bewertung erster Ergebnisse mit den Beteiligten, Vorprüfung aus Nutzersicht in Wochenendseminaren. Der Prüfkatalog war Grundlage für die Juryentscheidung und vor allem für die Überarbeitung des favorisierten Entwurfs.

In einem zweiten Bauabschnitt wurde das Wohnprojekt schließlich um weitere zehn Mietwohnungen und zwei Ladenlokale ergänzt.

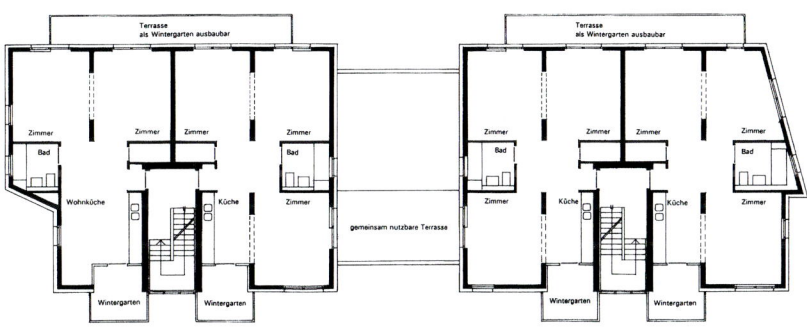

Foto: Lippsmeier

‚Einfach und selber bauen' Taunusstraße Duisburg

Bauherren
52 Baufamilien unter Betreuung der dfh-Siedlungsbau, Worms

Architektur/Planung
afa – architektur fabrik aachen, Aachen

Adresse
Taunusstraße in Duisburg-Hagenshof

Foto: Vollmer

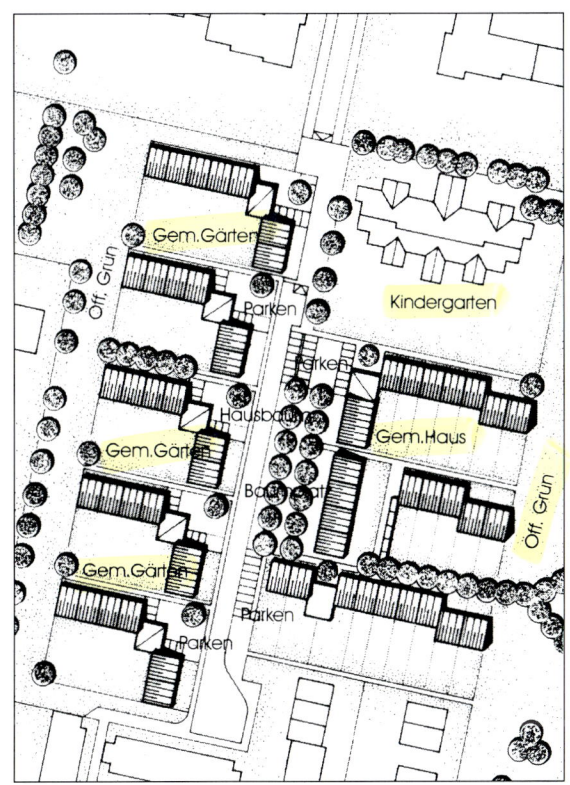

Foto: Brenner

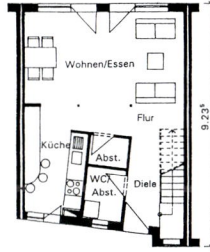 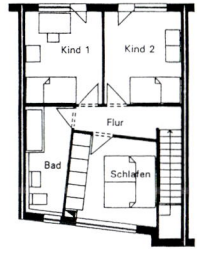

Grundrisse Typ 1 (84,5 qm):
Erdgeschoß, Obergeschoß

Am Rande einer Hochhaus-Wohnanlage aus den siebziger Jahren entstand eine Kleinsiedlung mit 52 Reihenhäusern und acht Eigentumswohnungen. Die acht Gebäudezeilen sind als Nachbarschaften mit jeweils eigenem Wohnweg organisiert. Im Übergang zur Siedlungsstraße entstand für jede Nachbarschaft ein kleiner Platz mit Hausbaum, Autostellplätzen und einer kompakten Anordnung der Kellerersatzräume. In der Siedlungsmitte befindet sich ein Gemeinschaftshaus.

Alle Reihenhäuser sind zweigeschossig und haben kleine Gärten. Auf 85 und 95 Qudratmetern Wohnfläche sind sehr flexibel nutzbare und aufteilbare Grundrisse entstanden.

Für das Projekt wurde ein Gutachterverfahren mit drei Architekturbüros durchgeführt, für die Realisierung des Projekts ein in organisierter Gruppenselbsthilfe erfahrener Träger gewonnen. Die Siedlung war das Pilotprojekt der Projektreihe ,Einfach und selber bauen'.

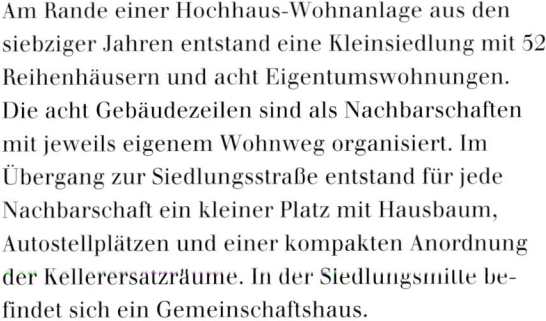

 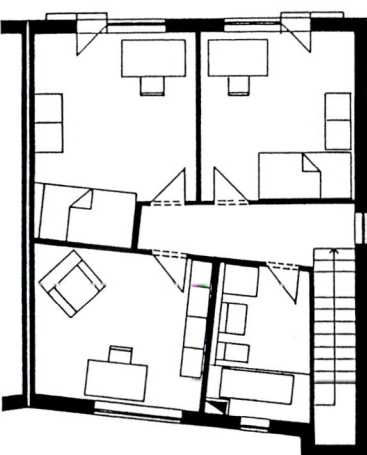

Grundrisse Typ 2 (95,5 qm):
Erdgeschoß, Obergeschoß

‚Einfach und selber bauen' Hubert-Biernat-Straße Bergkamen

Bauherren
14 Baufamilien unter Betreuung der Landesentwicklungsgesellschaft NRW, Dortmund; Ruhr-Lippe Wohnungsgesellschaft, Dortmund (für die Eigentumswohnungen)

Architektur/Planung/Selbstbaubetreuung
Post & Welters, Dortmund; Rolf Becker, Köln

Adresse
Hubert-Biernat-Straße in Bergkamen

Foto: Lippsmeier

158

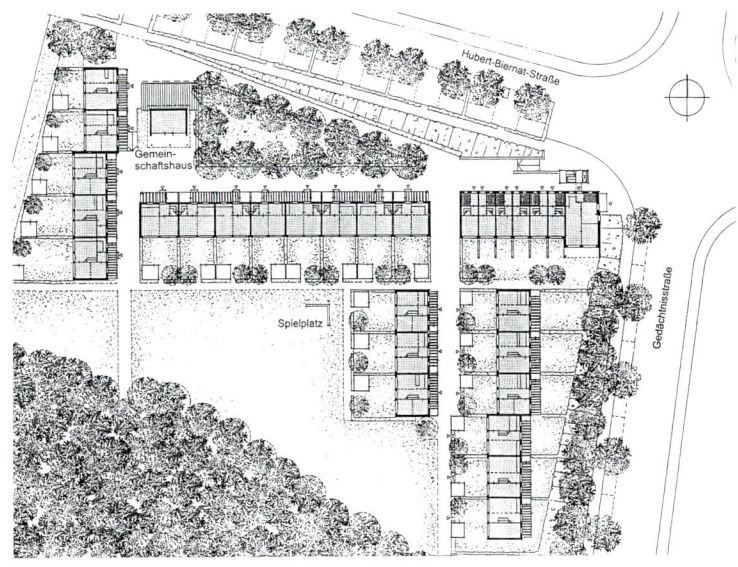

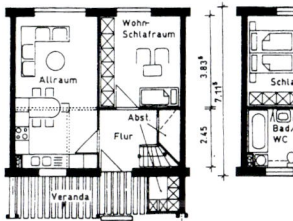
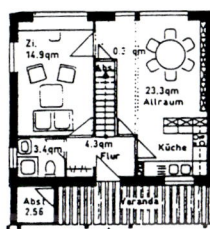
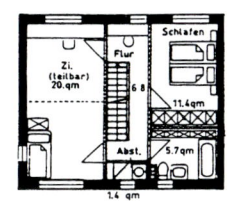
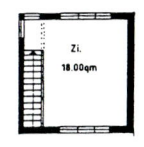

Grundrisse von Typ A (81 qm)
und Typ C (110 qm)

In unmittelbarer Nähe der ‚Neuen City' von Bergkamen aus den siebziger Jahren entstand auf einem städtischen Grundstück eine geschlossene kleine Siedlung mit 21 Reihenhäusern einschließlich kleiner Gartenparzellen und zwölf Eigentumswohnungen. Besondere Qualitäten sind der Übergang zu einem kleinen Wäldchen, die autofreien Wohnstraßen mit den Veranden vor den Hauseingangen und der Gemeinschaftsplatz mit einem kleinen Gemeinschaftshaus. Die Parkplätze befinden sich im öffentlichen Straßenraum außerhalb der Siedlung.

Die Reihenhäuser sind mit 80 bis 110 Quadratmetern Wohnfläche knapp bemessen, haben jedoch Grundrisse, die eine sehr flexible Nutzung und Veränderungen je nach den Bedürfnissen der Bewohner zulassen. Die Gebäude wurden in Massivbauweise errichtet.

Die Kleinsiedlung ist eingebunden in das Konzept der Bergkamener ‚Stadtmittebildung'.

,Einfach und selber bauen' Laarstraße Gelsenkirchen

Bauherren
28 Baufamilien unter Betreuung der TreuHandStelle GmbH, Essen

Architektur/Planung
plus + Bauplanung GmbH Peter Hübner, Neckartenzlingen

Adresse
Laarstraße, Sellmannsbachstraße in Gelsenkirchen-Bismarck

Foto: Vollmer

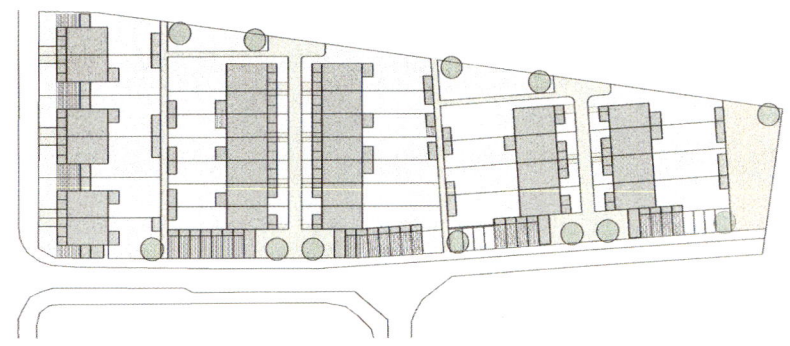

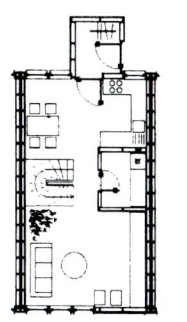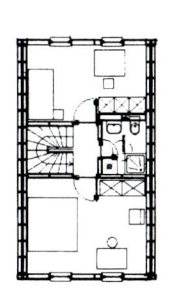

Grundrißtyp 1: 76 m²

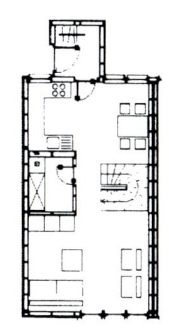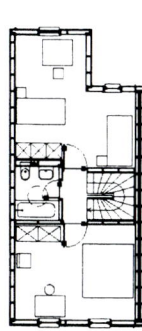

Grundrißtyp 2a: 83 m²

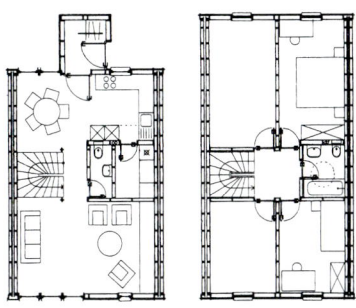

Grundrißtyp 3: 104 m²

1993 wurde ein Wettbewerb für eine Stadtteil-Gesamtschule in evangelischer Trägerschaft ausgelobt. In diesem Zusammenhang wurden auch Konzepte für Wohnungsbau entwickelt. Der Entwurf von plus + Bauplanung GmbH Peter Hübner, Neckartenzlingen, ging als Sieger aus dem Verfahren hervor mit einem Konzept einer mit viel Beteiligung und Selbsthilfe prozeßhaft wachsenden Schule, Prinzipien, die auf das kleine Siedlungsprojekt übertragen worden sind.

Die zweigeschossigen Häuser in Holzrahmenbauweise mit begrüntem ‚Schmetterlingsdach' zeichnen sich durch kompakte Bauweise mit günstigen Energiedaten aus (Niedrigenergiehaus-Standard, solargestützte Warmwasserbereitung) sowie durch die Konzentration von Stellplätzen, Haustechnik und Kellerersatzräumen an der Straße.

Die Häuser wurden unter Anleitung in einer örtlichen ‚Feldfabrik' von den Bewohnern vorgefertigt und mit viel Selbsthilfe errichtet.

In unmittelbarer Nachbarschaft entsteht seit 1997 die multikulturelle Gesamtschule, ab 1999 werden weitere Wohnungen in einer Solarsiedlung gebaut – insgesamt ein kräftiger Impuls für den Stadtteil Bismarck.

,Einfach und selber bauen' Am Calversbach
Lünen

Bauherren
30 Baufamilien unter Betreuung der TreuHandStelle GmbH,
Essen

Architektur/Planung
plus + Bauplanung GmbH Peter Hübner, Neckartenzlingen
Pesch und Partner, Herdecke, Rüdiger Brosk, Essen
(Freiraumplanung)

Adresse
Am Calversbach/Rudolfstraße in Lünen-Brambauer

Foto: Lippsmeier

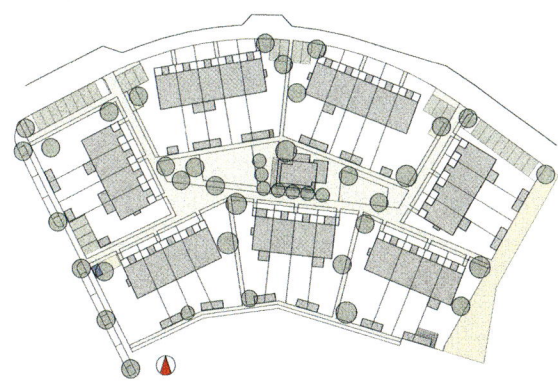

Foto: Lippsmeier

Anfang der neunziger Jahre wurde für die Bebauung eines einer alten Arbeitersiedlung in Lünen-
Brambauer benachbarten Geländes ein städtebaulicher Ideenwettbewerb ausgelobt und anschließend
unter fünf Architekturbüros ein Planungsverfahren
zur konkreten Projektvorbereitung organisiert. Drei
Wohnhöfe werden durch am Verfahren beteiligte
Architekten realisiert: Jos Weber, Hamburg; Bornebusch Tegnestuen, DK-Kopenhagen, Büro Weiss,
Lünen.

Der vierte Wohnhof wurde parallel zum Siedlungsprojekt in Gelsenkirchen-Bismarck von plus + Bauplanung GmbH Peter Hübner und der Treuhand-
Stelle THS weiterentwickelt und schließlich mit
30 Wohnungen gebaut. Die Gebäude sind im Kern
dieselben wie in Gelsenkirchen: zweigeschossige
Reihenhäuser in Holzrahmenbauweise und mit
‚begrüntem Schmetterlingsdach‘, Niedrigenergiehaus-Standard u. a. Städtebaulich sind die Häuser
um einen autofreien Hof mit Gemeinschaftsfläche
und ein freistehendes Gemeinschaftshaus gruppiert
und untereinander sowie mit der Umgebung durch
ein Fußwegesystem verbunden. Die kleine Siedlung
ist wie die anderen Wohnhöfe an ein Blockheizkraftwerk angeschlossen.

‚Einfach und selber bauen' Kinderfreundliche Siedlung Herten

Bauherren
20 + 9 Baufamilien unter Betreuung der dfh-Siedlungsbau, Worms

Architektur/Planung
3-Pass-Architekten/innen Burkhard, Koop, Kusch, Köln
Prokids e. V. – Kinderfreunde, Herten (Beratung und Moderation)

Adresse
Feldstraße in Herten

Foto: Vollmer

Foto: Blossey

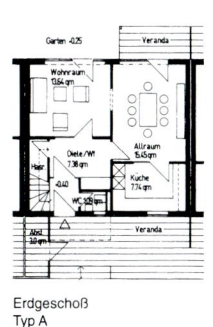

Erdgeschoß
Typ A

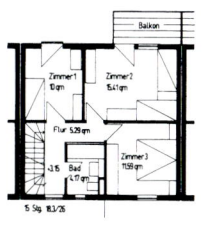

1. Obergeschoß

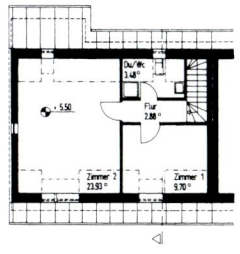

Dachgeschoß

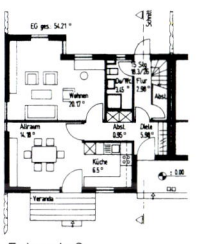

Erdgeschoß
Typ B

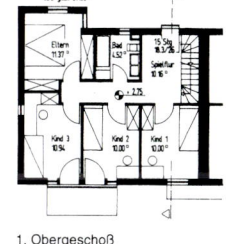

1. Obergeschoß

Dachgeschoß

Auf einem überwiegend städtischen Grundstück in unmittelbarer Nähe zu Kirche, Gemeindehaus und Kindergarten entstand eine Siedlung mit 20 um einen ruhigen Wohnhof gelegenen Reihenhäusern. Die Siedlung wurde bereits vor der Fertigstellung um einen ‚Wohnhof' auf einem Nachbargrundstück mit weiteren neun Reihenhäusern erweitert.
Die Häuser haben ihre Eingänge mit den vorgelagerten Holzveranden zum Hof. Nachbarschaft und Kinderfreundlichkeit werden großgeschrieben: Die Autos bleiben vor der Siedlung und werden dort kompakt untergebracht.
Die Häuser wurden in vorgefertigter Holzrahmenkonstruktion durch eine norwegische Firma in sehr kurzer Bauzeit errichtet. Die Baufamilien haben bei der Gründung, beim Innenausbau und beim Bau der Veranden und der Außenanlagen im Hof größere Anteile an Selbsthilfe eingebracht. Die beiden Reihenhaustypen haben 92 beziehungsweise 111 Quadratmeter Wohnfläche, dazu eine Ausbaureserve im Dach.

Foto: Vollmer

AutorInnen

Henry Beierlorzer, geb. 1959. Städtebau- und Architekturstudium Aachen. Kümmert sich seit 1989 verantwortlich um die Stadt(teil)entwicklungs-, Wohn- und Siedlungsprojekte der IBA Emscher Park.

Jörg Blume, geb. 1963. Studium Geographie und Publizistik in Göttingen, freier Autor tätig für Inter Nationes, ZDF, Frankfurter Allgemeine Zeitung.

Joachim Boll, geb. 1952. Architekturstudium in Aachen, 1985 Mitgründung und bis 1996 Aufbau von WohnBund und WohnBund-Beratung NRW. Seit 1996 bei der IBA Emscher Park im Bereich Stadtentwicklung, Wohnen und soziale Initiativen

Karl-Heinz Cox, geb. 1938. Vorstandsvorsitzender der TreuHandStelle (THS), einem der großen Wohnungsunternehmen nicht nur im Ruhrgebiet (die THS hat sich im Rahmen der IBA in insgesamt sechs Wohnprojekten engagiert).

Volker Eichener, geb. 1959. Soziologe, Privatdozent. Geschäftsführer InWIS Institut für Wohnungswesen, Immobilienwirtschaft, Stadt- und Regionalentwicklung Ruhr-Universität Bochum, Vizepräsident des Forum of Researchers on Human Settlements bei der Weltsiedlungsorganisation UNCHS-Habitat

Karl Ganser, geb. 1937. Studium Chemie, Biologie, Geologie, Geographie, danach Städtebau und Stadtsoziologie, Promotion 1964, Professor an der TU München. Aufbau der Stadtentwicklung in München, Anfang der siebziger Jahre Leitung der Bundesforschungsanstalt für Landeskunde und Raumordnung in Bonn, 1980 Abteilungsleiter im Städtebauministerium des Landes Nordrhein-Westfalen, seit 1989 Geschäftsführender Direktor der IBA Emscher Park in Gelsenkirchen

Roland Kirbach, geb. 1955. Rhein-Ruhr-Redakteur der Wochenzeitung *Die Zeit.* Veröffentlichungen: mehrere Reportagebände (drei über das Revier), zuletzt Jenseits von Krupp und Kohle. Unterwegs im neuen Ruhrgebiet

Dirk Meyhöfer, geb. 1952. Architekturkritiker und Publizist

Beatrix Novy, geb. 1950. Studium der Philosophie und der Germanistik, Mitbegründerin der ersten Kölner Stadtzeitung ‚Stadt Revue‘, Rundfunkautorin und -moderatorin im Bereich Kultur für den WDR, den NDR und den Deutschlandfunk, dort zuletzt Redakteurin der Sendung ‚Kultur heute‘.

Wolfgang Pehnt, geb. 1931. Studium Germanistik, Kunstgeschichte, Philosophie in Marburg, München und Frankfurt am Main, Promotion 1956, 1957–1963 Lektor im Verlag Gerd Hatje, Stuttgart, 1963–1973 Redakteur, 1974–1995 Leiter Literatur und Kunst im Deutschlandfunk (DeutschlandRadio), Köln, 1992 und seit 1996 Lehrtätigkeit an der Ruhr-Universität Bochum, langjähriger Mitarbeiter der Frankfurter Allgemeinen Zeitung. Veröffentlichungen zur Architekturgeschichte des 19. und 20. Jahrhunderts.

Klaus Selle, geb. 1949. Studium Architektur, Städtebau an der RWTH Aachen, Promotion und Habilitation am Fachbereich Raumplanung der Universität Dortmund. Hochschullehrer im Fachbereich Landschaftsarchitektur und Umweltentwicklung der Universität Hannover. Darüber hinaus im Bürgerbüro Stadtentwicklung engagiert. Arbeitsschwerpunkte: Freiräume, Wohnen, Stadtentwicklung, Gestaltung von Planungsprozessen.

Kunibert Wachten, geb. 1952. Architekturstudium in Aachen, seit 1980 freiberuflicher Stadtplaner in Partnerschaft mit Peter Zlonicky in Dortmund, seit 1994 Professor für Städtebau und Raumplanung an der Technischen Universität Wien, seit 1996 Vorsitzender des Grundstücksbeirates der Stadt Wien.

Peter Zlonicky, geb. 1935. Architekturstudium in Darmstadt, Diplom 1961, 1962–1966 Assistent und Lehrbeauftragter an der TH Darmstadt, 1964–1979 Büro für Stadtplanung und Stadtforschung (gemeinsam mit *Marlene Zlonicky*), 1971–1976 Professor an der RWTH Aachen, seit 1976 Professor für Städtebau und Bauleitplanung, Fachbereich Raumplanung, Universität Dortmund, seit 1980 Büro für Stadtplanung und Stadtforschung (gemeinsam mit Kunibert Wachten), 1989–1995 Wissenschaftlicher Direktor bei der IBA Emscher Park, zahlreiche Gastprofessuren